群集智能优化算法及应用

冯肖雪　潘　峰　梁　彦　高　琪　著

科学出版社

北　京

内 容 简 介

本书系统地阐述了蚁群算法、粒子群算法、传染病优化算法三类典型的群集智能优化方法。本书既涵盖算法原理、数学模型、改进方法的理论知识，又注重理论联系实际，以实际应用问题为导向进行算法设计。针对无线传感器网络目标联合预警与跟踪中的能耗-性能优化问题、机场停机位分配优化问题、空间站组装姿态指令优化问题，给出了具体求解思路，力求使读者能较快掌握和应用这三类典型的群集智能优化算法。

本书可供人工智能、信息科学、控制工程、计算机科学等专业研究生和高年级本科生学习及参考，也适于从事智能科学和复杂性研究的科技工作者阅读使用。

图书在版编目 (CIP) 数据

群集智能优化算法及应用/冯肖雪等著. —北京：科学出版社，2018.6
  ISBN 978-7-03-057602-6

Ⅰ. ①群… Ⅱ. ①冯… Ⅲ. ①计算机算法-最优化算法－群集技术 Ⅳ. ①TP301.6

中国版本图书馆 CIP 数据核字 (2018) 第 117673 号

责任编辑：阚 瑞 / 责任校对：郭瑞芝
责任印制：吴兆东 / 封面设计：迷底书装

科学出版社 出版
北京东黄城根北街16号
邮政编码：100717
http://www.sciencep.com
北京建宏印刷有限公司 印刷
科学出版社发行 各地新华书店经销

*

2018 年 6 月第 一 版 开本：720×1 000 1/16
2023 年 1 月第四次印刷 印张：11 插页：2
字数：224 000

定价：78.00 元
(如有印装质量问题，我社负责调换)

前　　言

随着人工智能在当今时代的高速迅猛发展，人们对高效的优化技术和智能计算的要求越来越高。鉴于实际工程问题的复杂性、约束性、非线性、建模困难等特点，探索新的非经典计算途径、寻找适合于大规模并行且具有智能特征的优化算法已成为一个引人注目的研究方向。在这种背景下，社会性群集行为也称为自组织行为（比如蚁群觅食、流行病传播、鸟群飞行等）引起了人们的广泛关注，其中参与自组织行为的每个个体被认为是具有独立感知、通信和决策能力的智能体，通过个体之间简单的交互作用却表现出不可预见的宏观智能行为，这就产生了所谓的"群集智能"，例如，单只蚂蚁的能力极其有限，但当这些简单的蚂蚁组成蚁群时，却能完成像筑巢、觅食、迁徙、逃生等复杂行为；流行病可通过人群之间的简单接触实现大范围区域内的广泛传播；鸟群在没有集中控制的情况下能够以整齐编队的形式同步飞行等。因此，群集智能优化算法具备的自学习、自组织、自适应的特征和简单通用、鲁棒性、并行处理等优点，使其在诸多工程领域受到了广泛应用。本书旨在结合工程实践中的优化问题，深入浅出地对几类典型的群集智能优化算法进行介绍，并力图提供解决相关优化问题的思路。

本书以实际应用优化问题为导向，阐述了面向复杂系统的群集智能优化算法及其应用。本书共三篇、8章内容。第1章是本书的总体框架部分，对面向复杂系统的群集智能优化算法进行了综述。第2～4章是本书的基础内容部分，分别对蚁群算法、粒子群算法以及传染病优化算法进行了详细阐述，包括生物模型、算法原理、实现流程、常见的改进算法以及典型应用等。第5～8章是本书的应用扩展部分，针对无线传感器网络目标联合预警与跟踪下的能耗—性能优化问题，给出了基于最大—最小信息素人工蚁群算法的传感器节点唤醒控制策略、基于分布式传染病模型的传感器节点探测与通信模块联合唤醒控制策略。针对机场停机位分配优化问题，给出了基于粒子群算法的求解策略。针对空间站组装姿态指令优化问题，给出了基于互利共生的双种群粒子群算法的求解策略。

本书由冯肖雪、潘峰与梁彦教授合作完成。本书主要的实验仿真由冯肖雪、周倩、张倩倩等完成，李淑慧、王瑞、夏伟光等进行了部分章节的文字校对，冯肖雪进行了全书内容的编校和统稿工作，对课题组内参与有关研究工作的研究生表示衷心的感谢。最后，感谢国家自然科学基金项目(61603040)对相关工作的支持。

　　由于作者水平有限，书中难免存在不妥及疏漏之处，欢迎各位专家和广大读者给予批评指正。

作　者

2018 年 1 月

目　　录

第三篇　应　用　篇

彩图

第一篇 导 引 篇

第 1 章 概　　述

1.1　群集智能概述

在过去的三个世纪以来，西方基础科学研究的主流还是建立在还原论基础之上的。然而，20 世纪的科学发展让人们认识到，有些问题只能通过综合才可能解决。举例来说，物理学家和化学家们根据物质的原子理论和元素周期表能够阐明各种物质的材料属性，其中包括各种有机物；分子生物学家能够解释构成各种生物有机体的分子基础(如基因和蛋白质)；然后神经物理学家能够进一步给我们讲解大脑的运行机制。但是，科学家还是无法解释我们的大脑何以创造出了现实世界中形形色色的各种建筑物、各种书籍、各种观念、各种人际关系、社团、宗教以及政治经济形态等。这个例子说明，我们在原子、分子、细胞、神经元等不同层次上对大脑复杂性的认识，依然不能帮助我们了解大脑在更高层次，比如心理、社会、经济和政治层面所展现出来的行为。针对还原论的批判，最早来自统计物理领域，早在 20 世纪 70 年代，以著名物理学家 Prigogine[1]和 Anderson[2]为代表开始对还原论的思维定式进行反思，指出还原论在处理尺度和复杂性这一对矛盾时失效了。在一个复杂系统内部，具有复杂性的每一层次，可以涌现出与低层次完全不同的新性质。或者说，在一个复杂系统的内部，高层次呈现出的复杂性与低层次的复杂性之间并没有什么决定性的因果关系[3]。

于是，越来越多的科学家开始关注复杂系统以及相应的复杂性问题研究。所谓复杂系统，一般是指由大量简单主体组成的，且主体间的相互作用能够涌现出所有主体或者部分主体不具有的整体行为的系统[4]。我国著名科学家钱学森提出了开放的复杂巨系统(Open Complex Giant Systems)的概念[5]：系统包含成千上万甚至上亿万的子系统，子系统之间具有强烈的相互作用，而整个系统与环境间存在交互作用；系统具有开放性、复杂性和层次性等特征。即便如此，关于复杂性的概念至今也没有给出统一的定义。它最初由贝塔郎菲于 1928 年撰写的《生物有机体系统》论文中首次提及。随后，来自不同领域的科学家对此进行了多方面的研究，并作出了重要的贡献，如 20 世纪 70 年代提出了突变理论，80 年代出现了混沌理论等。然而，复杂性的形式多种多样，这些理论也仅仅是迈出了一小步。因此，研究者们一直在努力探寻研究复杂性的新理论，他们甚至已经为此取了个形象的名词—C-理论[4,5]。例如，20 世纪在对混沌的研究中发现，用迭代过程和微分方程描述的简单系统由于非线性关系而展现出复杂行为，这是复杂性的一种重要范式。而世纪之交，人们又广泛观察到，大量复杂系统也可以由某些简单规则自组织演化而形成，这可能是复杂性更重要的一种范式。我们可得出如此结论：复杂性的表现载体是复杂系统。而生物系统作为复杂系统的典型代表[6]，人们自然而然地想要通过研究生物系统的某些特征或行为来解决复杂系统中的复杂问题。戴汝为等学者也提出了复杂性研究要从无生命系统转变到有生命系统[7,8]。鉴于实际工程问题或复杂系统的复杂性、约束性、非线性、建模困难等特点，寻找一种适合于大规模并行且具有智能生物特征的算法已成为有关学科的一个主要研究目标和引人注目的研究方向。在这种背景下，社会性动物(如蚁群、鱼群、鸟群、蜂群、病原体细菌等)的自组织行为引起了人们的广泛关注，许多学者对这种行为进行数学建模并用计算机对其进行仿真，这就产生了所谓的"群集智能"(Swarm Intelligence，SI)[9,10]。

群集智能中的群体指的是一组相互之间可以进行直接通信或者间接通信(通过改变局部环境)的主体(Agent)，这组主体能够合作进行分布式的问题求解；而群集智能则是指无智能的主体通过合作表现出智能行为的特性[11]，群集智能在没有集中控制且不提供全局模型的前提下，为寻找复杂的分布式问题求解方案提供了基础和可能性。群集智能的妙处在于个体的行为都很简单，但当它们一起协同工作时，却能够实现非常复杂(智能)的行为特征，这便是群集智能中所谓的"涌现"现象。例如，单个蚂蚁的能力极其有限，但当这些简单的蚂蚁组成蚁群时，却能完成筑巢、觅食、迁徙、清扫蚁巢等复杂行为；一群行为显得盲目的蜂群能造出精美的蜂窝；鸟群在没有集中控制的情况下能够同步飞行；病原体简单地通过易感者之间接触进行传播，达到某区域内传染病的暴发等。科学家通过对上述自组织行为进行抽象数学建模，提出了相应的群集智能算法：蚁群算法(Ant Colony Optimization，ACO)[12-14]、蜂群算法(Artificial Bee Colony，ABC)[15-17]、粒子群优化算法(Particle Swarm Optimization，PSO)[18-20]、传染病疫情优化控制算法[21,22]等。除了上述 4 类算法外，我国学者李晓磊等根据鱼的特性提出的鱼群算法(Fish Swarm，FS)[23-25]，以及狼群算法[26]等也是常见的群集智能算法。

群集智能方法易于实现，算法中仅涉及各种基本数学操作，其数据处理过程对 CPU 和内存的要求也不高。且这种方法只需目标函数的输出值，而无需其梯度信息。已完成的群集智能理论和应用方法研究证明群集智能方法是一种能够有效解决大多数全局优化问题的新方法。群集智能正是通过简单智能个体的合作，表现出复杂智能行为的特性，实现群体智慧可以超越最优秀个体智慧的突破。目前，无论是源于何种群体形式，基于群集智能的理论方法都涉及众多学科的交叉，包括人工智能、计算机科学、社会学、经济学、生态学、组织与管理学以及哲学等学科。随着其研究的深入，这些研究与其他学科的结合也形成了许多新的研究领域，从整体上推动了相关学科的发展[27]。尤其是在复杂科学领域，群集智能方法有效地解决了许多复杂系统中难以精确描述的问题，为复杂、困难优化问题的求解提供了一种通用的技术框架。无论是从理论研究还是应用研究的角度分析，群集智能理论及应用研究都具有重要的学术意义和现实价值。

1.2　群集智能的基本原则与特点

在生态系统中，许多个体层面上行为模式简单的生物个体，在形成群体后却体现出复杂而有序的种群自发行为。例如，鸟群在空中飞行时自动地调整队形；蚁群能够分享信息，协同合作，优化到食物源的最短路径；鱼群聚集最密集的地方通常是水中食物集中的地方；大肠杆菌会自动向营养浓度高的区域聚集。在仿生学的基础上，学者们对此类现象概述为：在不存在中央控制机制的条件下，种群中的所有个体都遵循某种特定的行为模式，通过个体间的相互影响与相互作用，在种群整体层面涌现出来的复杂系统行为[11,28]。群集智能鲁棒性强，并行性好，实现相对简单，无需中央控制机制。这类特性是普通的个体智能所无法比拟的，尤其是对那些没有集中控制且不能提供全局信息的应用场景，群集智能展现出了较好的优化性能[29]，为解决复杂系统分布式问题提供了思路。Millonas 在 1994年提出群集智能应该遵循以下五个基本原则[30]。

(1) 邻近原则(Proximity Principle)，即群体能够进行简单的空间和时间计算。由于空间和时间可以转换为能量消耗，因而对于时空环境的某一给定响应，群体应该具有计算其效用的能力。这里的计算可以理解为对环境激励的直接行为响应，而这种响应在某种程度上使得群体的某些整体行为的效用最大化。

(2) 质量原则(Quality Principle)，即群体不仅能够对时间和空间因素作出反应，而且能够响应环境中的质量因子(如事物的质量或位置的安全性)。

(3) 多样性反应原则(Principle of Diverse Response)，即群体不应将自己获取资源的途径限制在过分狭窄的范围内。群体应该通过多种方式分散其资源以应付由于环境变化造成的某些资源的突然变化。一般认为，对于环境完全有序的响应，即使是可能，也是不希望的。

(4) 稳定性原则(Stability Principle)，即群体不应随着环境的每一次变化而改变自己的行为模式。这是由于改变自己的行为模式是需要消耗能量的，而且不一定能产生有价值的投资回报。

(5) 适应性原则(Adaptability Principle)，当改变行为模式带来的回报与能量投资相比是值得的时候，群体应该改变其行为模式。

适应性原则和稳定性原则是同一事物的两个方面。最佳的响应似乎是完全有序和完全混沌之间的某个平衡。因此，群体内的随机性是一个重要的因素：适量的干扰将增加群体的多样性，而太多的干扰将会破坏群体的协作行为。需注意的是，上述原则只是描述了群集智能的一些基本特征，并不是定义性的。一般来说，当某些行为方式符合上述原则时，就可以归到群集智能的范畴。

这些原则说明实现群集智能的智能主体，必须能够在环境中表现出自主性、反应性、学习性和自适应性等智能特性。群集智能的核心是由众多简单个体组成的群体能够通过相互之间的简单合作来实现某一功能，或完成某一任务。其中，"简单个体"是指单个个体只具有简单的能力或智能，而"简单合作"是指个体与其邻近的个体进行某种简单的直接通信，或通过改变环境间接与其他个体通信，从而可以相互影响、协同动作。群集智能具有如下特点[31]。

(1) 简单性。群集智能中的个体是低智能的、简单的，个体只能与局部个体进行信息交互，无法和全局进行信息交流，这就使模拟个体的算法容易实现并且执行的时间复杂度也小。同时，算法实现对计算机的配置要求也不高，另外，该算法只需计算目标函数值，不需要梯度信息，容易实现。因此，当系统中的个体数量增加时，对于系统所增加的信息量比较小，可使整个系统具有简单性。

(2) 分布式。在群集智能系统中，相互协作的个体是分布式存在的，其初始分布可以是均匀或者非均匀随机分布。这个系统是没有中心的，个体间完全自组织，从而体现出群体的智能特征。因而它更能够适应于网络环境下的工作状态，也符合大多数实际中复杂问题的演变模式。分布式结构要求诸多个体完成同样的工作，换而言之，个体行为存在冗余。冗余可以容错，这乃是普遍的规律。以蚂蚁群体为例，当群体致力于完成一项工作时，其中的许多蚂蚁都进行着同样的工作，而群体行为的成功不会因为某个或者少量个体的缺陷受到影响。作为对蚁群行为的抽象，蚂蚁算法反映出群体行为的分布式特性：每个人工蚂蚁在问题空间的多个点同时开始相互独立地构造问题的解，其整个求解过程不会因为某个蚂蚁未成功获得问题解而受到影响。具体到优化算法实际上可以看作按照一定规则在问题的解空间中搜索最优化结果的过程，所以，初始搜索点的选取直接关系到算法求解结果的优劣和算法寻优的效率。而在解空间特别复杂的问题中，从一点出发的搜索受到局部特征的限制，通常只能得到问题的局部最优解。蚁群优化则可以看作一个分布式的多主体系统，它在问题空间的多个点同时并行地进行独立搜索，不仅增加了算法的可靠性，也使得算法具有较强的全局搜索能力，从而可获得问题的全局最优解。

(3) 良好的可扩展性。个体之间通常采用隐式通信的方式进行合作。群集智能系统中的个体不仅可以进行相互之间的直接通信，还可以通过环境与其他个体进行间接通信，进而影响其他个体行为，即个体之间通过所处的小环境作为媒介进行交互，这种通信方式也被称为 Stigmergy[32]。由于群集智能系统可以通过非直接通信的方式实现信息的传输与合作，因而随着个体数目的增加，通信开销的增幅较小，因此该系统具备较好的可扩充性。

(4)广泛的适应性。群集智能算法对要解决的问题是否连续并无要求，这就使得该算法既适应具有连续性的数值优化，也适应离散化的组合优化，在处理问题的规模上也没有要求，相反，规模越大，越能体现出群集智能算法的优越性。

(5)自组织。自组织的概念是随着系统科学的发展逐步建立起来的[33]，最经典的自组织系统乃是生物体。生物学有一个基本观点，就是认为类似蚂蚁、蜜蜂这样的社会性昆虫，由于个体作用简单，而且个体之间的协作关系明显，所以，应把它们作为一个整体来看待，甚至可以认为它们就是一个独立的生物体。在这种特殊的生物体中，各个分散的个体在相互作用下逐步完成一项群体工作，体现了系统从无序到有序的演化过程，因而是一个自组织系统。既然蚂蚁群体是一个自组织系统，那么对其自组织行为进行抽象模拟所形成的蚁群算法也应该是一种自组织算法，即是一个从无序到有序的演化过程。事实上，蚂蚁算法确实体现了这样一个过程，以蚁群算法为例，当算法开始的初期，单个的人工蚂蚁随机寻找问题解，经过一段时间的演化，人工蚂蚁越来越趋向于寻找到接近最优解的一些解，这就是一个从无序到有序的过程。而对于整个算法来说，求得的解最终越来越逼近问题的最优解，由此表明算法在逐步完成自组织趋优过程。传统的算法都是针对一个具体问题设计的，它建立在对该问题已有全面认识的基础上，往往难以适应其他问题求解。而群集智能算法的自组织特性提高了其对问题求解的适应能力，能较好地用于一类问题的求解，因此说，群集智能算法具有较强的健壮性。

(6)正反馈。反馈是系统输出对于输入的反作用。系统中的反馈形式有正反馈和负反馈之分。正反馈是一个加强自身的过程，形象的说法是滚雪球效应[34]。正反馈具有增补作用，能促进事物的发展。这里，发展可以是进化、进步或者退化、衰亡[35]。负反馈是指利用误差进行控制使系统尽量按设定的轨迹运动的过程，其功能是起抑制作用。群集智能在总体上表现的是正反馈的强化效果，但在演化的环节中存在负反馈的调节作用。再以蚁群算法为例，真实蚁群在觅食过程中之所以能够最终找到最短路径，直接依赖于最短路径上信息激素的积累，而信息激素的累积恰好是一个正反馈的过程。这个正反馈过程在蚂蚁算法中表现为：根据单个蚂蚁所得解的优劣程度计算反馈量，从而优良解上的轨迹信息激素量就大；同时在演化过程中，轨迹信息激素量越大的轨迹被蚂蚁下一次选择的概率就越大，一旦被选中，其轨迹信息激素浓度又得到进一步的增加。这一正反馈过程使得初始解在轨迹信息激素浓度上的差异得到不断地放大，从而区分出解的优劣，进而引导整个系统向着优化的方向趋近。因此，正反馈是蚂蚁算法的重要特性，它使得算法演化的过程得以成功进行。

当然与大多数新型的计算方法一样，群集智能系统也存在着诸多的缺点，尤其是对算法本身的研究还处于萌芽阶段，很多不足之处亟待解决。例如，①群集智能算法的基础理论研究还不完善：几乎所有的群集智能算法的设计思想都是建立在概率论的基础之上的，如何从数学理论上证明它们的正确性和可靠性仍比较困难，现阶段的相关研究工作也比较少；②算法控制参数的设置：大多数群集智能算法的效果有较强的针对性，即一种算法只能针对某一类问题进行参数设置和求解，各种算法之间的相似性较差；③算法整体复杂性控制：系统的算法设计过程中单个个体控制的简单并不意味着整个系统设计的简单，如何设计简单、高效的算法也是需要重点研究的；④算法与真实生物行为的拟合程度：真实的生物个体十分复杂，群集智能系统中个体对生物的模拟程度到底有多大，能否实现对生物群体的完美复制，还有待进一步的证明。

1.3　群集智能理论研究现状

目前，对群集智能的理论研究尚处于初级阶段，但是它越来越受到国际智能计算研究领域学者的关注，逐渐成为一个新的重要的研究方向。生物学家和计算机科技人员通过模拟生物群来了解群体生物之间的交互、协作和进化机理。目前群集智能的研究主要分成两个方面：第一，分布式问题求解，代表性的有蚁群算法、微粒群优化算法等群集智能计算方法。第二，群体行为特性研究，主要研究群体聚集、觅食、任务分配等涌现的智能行为特性[32]。

1.3.1　群集智能计算方法

蚁群算法是由意大利学者 M Dorigo 等于 1991 年首先提出的，是受到自然界中蚁群的社会性行为启发而产生的。它借鉴了蚁群寻找食物的过程，使用"虚拟信息素"来实现个体间的通信，获得了两点之间的最短路径。用该算法和其改进算法在解决旅行商问题(Travel Salesmen Problem)、分配问题(Assignment Problem)、图形着色题(Graph Coloring Problem)、网络路由算法(Routing)以及 Job-shop 等 NP 难题方面取得了良好的结果。微粒群优化算法(Particle Swarm Optimization)由美国的 James Kenney 和 Russell Ebethart 在 1995 年提出的[36]，它是一种基于种群寻优的启发式搜索算法。针对传统的人工智能算法，韩靖提出了解决该类问题的群集智能模型，称为 AER(Agent+Environment+Reactive Rule)模型[37]。该模型将群集智能的思想引入到传统人工智能中的经典问题求解上，解决了 N 皇后问题、染色问题等约束满足问题。文献[38]、[39]中，定义了传染病传播过程中的疫情预防措施代价、发病者医治成本和死亡者代价的数学模型，旨在寻找最佳隔离、防护、洗消等控制措施，使传染病疫情本身的损失和疫情控制成本的总代价最小。文献[40]基于传染病传播机理常识，提出了表征个体发病情况的分布式传染病模型，有效解决了无线传感器网络节点唤醒控制问题。

1.3.2　群集智能模型研究

建立合适的系统模型，有助于对系统的动态变化进行分析。传统的群集智能模型有基于概率的任务分配、物体聚类模型和基于信息素感知的路径选择模型。这些模型都是在离散环境中得到验证和应用的。Beni 等[41]对群体系统的突现特性分析做出了很重要的工作，并且指出当个体数量超过某个阈值时群体行为才会突现。Chialvo 和 Millonas 提出了感知地图形成模型[42]。该模型和蚁群算法的主要区别在于它可以应用在连续环境中。大量的实验结果表明，该模型可以在 3D 环境下得到很好的聚集效果，且当目标或环境突然改变时系统可以灵活地适应。基于图灵的反应扩散模型，Wei-Min Shen 提出了 Digital Hormone Model 模型[43]，对抑制剂和催化剂的特性进行了公式化描述，并得到了多种聚集模式。

1.3.3　群集智能行为研究

群体中的聚集现象是执行各种任务的前提，有助于个体间的协作。Simon Garnier 等[44]通过观察蟑螂的行为，演绎出了自增强的聚集 (Self-enhanced Aggregation) 模型，并将该模型应用到微型机器人 Alice 上，得到了类似蟑螂聚集行为的现象。Jeanson 等[45]对蟑螂群体进行观察研究，通过实验的过程统计了蟑螂聚集行为中的行为概率分布，并归纳出了行为预测的数学模型，得到了符合观察的实验结果。Erkin Bahceei 等[46]以蚁群聚集行为为研究背景，利用进化神经网络控制器来控制机器人的行为，并对系统参数变化的影响进行了分析。Aram Galstyan 等[47]在聚集任务中，将机器人的高级控制器分成多个状态，定义了各个状态间的转移概率，并给出了在各个状态下环境变量的变化规律。他们通过调整信息素信号强度和个体速度参数对模型的运行结果进行预测，并在实验中验证了模型的正确性。Jason Tillett 等[48]对扫雷中的招募行为进行了建模。他们将个体看成微粒，其行为允许有高斯白噪声的扰动，在移动概率中加入个体的偏好行为，并使用短期记忆来评估当前任务量，最后得出群体执行任务的成功率最高时系统处在混沌边缘的结论。Onur soysal 等[49]使用了包容结构和有限状态机组合来控制机器人，在基于状态转移概率的方法下实现了聚集行为。他们给出了系统行为性能的评价方法，分析了群体规模、转移概率、等待时间、区域大小等参数变化对系统性能的影响。李衍达院士[50]在"生物世界的自组织现象与机理"的研究中，提出了一个重要猜想：可能在演化进程中，变异(或联结)具有倾向于聚集中心的偏好性，即引起演化的变异不是纯随机的，趋向聚集中心的变异概率更大。

1.3.4 群体协作行为研究

生物群体的协作行为对多机器人的协作策略具有一定的启发作用，如蚁群觅食行为和搬运行为就是有效地利用了个体间接通信。K.Sugawara 等[51]对蚁群觅食行为进行了模拟，并分析了群体中的个体数量和系统性能的关系，得出这个关系和个体间相互作用的持续时间有关，并且对固定或者不固定位置的资源分布情况下，这个持续时间都存在一个最优值。A.Rodriguez 等[52]将群体行为和分布式问题求解方法结合起来对搬运任务进行了研究，并用重排机制解决了搬运中的停滞问题，结果表明群体系统中的个体有较好的自协调和信息传播能力。Vignesh Kumar 等[53]使用认知地图存储的信息作为经验来指导导航和路径发现，实现了群体机器人的排雷任务。任务中个体的状态用有限状态机表示，并且引入蚁群招募同伴时的短距离招募策略，采用基于气味的搜索方法使得群体机器人有效快速地完成任务。Dandan Zhang 等[54]将闭值响应模型和蚁群算法相结合提出一种基于群集智能方法的分层自适应任务分配策略。高层通过简单的自增强学习模型，对不同类型的任务产生稳定、灵活的劳动分工。底层通过应用蚁群算法使机器人协作完成同种类型的任务。

1.3.5 群集智能数学建模方法

数学建模和分析为群集智能的研究提供了另一种思路。数学模型可以用来分析群体行为动态变化，预测大型系统的长期行为，并有助于系统设计。目前，利用数学模型研究群集智能系统的并不多，而且都是在静态、全局感知能力等理想条件下进行的，这明显同实际情况不相符。Gazi 等[55]提出一种连续时间模型来分析细菌群体的集聚和觅食行为。系统中的个体之间存在引力场和斥力场，线性引力或高斯斥力函数表示个体间引力/斥力随距离的变化，通过理论分析和实验结果证明群体可以成群的沿着环境梯度移动并最终稳定地聚集在目标的一定区域内。该模型的不足之处是假设每个个体需要知道其他所有个体的相对位置，即需要知道群体分布的全局信息。而且模型描述的环境梯度信息是静态的，这与实际中复杂的环境相差甚大。Yang Liu 等[56]给出了在固定通信拓扑下 M 维多移动智能体的群集行为稳定性分析，但是该方法对领航者前进的方向有着很大的约束。陈世明等[57]提出一种基于个体局部信息的智能群体模型。在任意两个个体存在一条可观测链的条件下，给出了模型中个体的运动控制方程，并分析了大规模智能群体动态行为的稳定性。到目前为止，最严格的基于微分方程的蚁群觅食模型是由 Nicolis 和 Deneubourg 提出的[58]。他们考虑了到达不同食物源信息素路线之间的竞争建立系统模型，该模型以信息素浓度为变量，宏观地描述了蚁群觅食中的大规模招募过程，并给出了系统多稳态模式形成的理论分析。随着群体规模的不同，群体觅食的方式也会发生改变，这同实际的蚁群觅食行为相符。但是他们的模型没有考虑到食物源的消耗和分布情况，并忽视了个体行为的不确定性，有待进一步改进。

1.4　群集智能算法的发展展望

群集智能算法是一类新型进化算法，其主要特点是群体搜索策略和群体之间的信息交换。这类算法对目标函数的性态没有特殊要求，在求解时不依赖梯度信息，因而特别适用于传统方法解决不了的大规模复杂问题，具有广泛的应用范围。但群集智能算法的研究刚刚起步，还有着更大的发展空间，这里简单介绍群集智能算法将来的研究方向。

1.4.1　群集智能理论的完善

虽然群集智能算法已有不少工程应用，在求解某些实际问题时体现出优于其他方法的效果，目前除了遗传算法(Genetic Algorithm，GA)形成了比较完善的系统分析方法和一定的数学基础外，其余算法均停留在仿真阶段，尚未能提出一个完善的理论分析，对它们的有效性也没有给出严格的数学解释。因此进行理论分析与研究可进一步完善发展各算法的性能。

另一方面，现实中的生物蚁群在觅食时对其生活环境常常只有不完整和不确定的知识和零散的信息，通常只是在"概念空间"上进行定性推理和判断。如何提炼形成恰当的群集智能模型和算法用以实现"概念空间"上并行寻优的定性仿真也是值得探讨的课题。

此外，群集智能的几类常见算法均是基于仿生机理，且具有许多相似的特征。因此建立系统的算法框架有利于该领域的发展，且有利于取长补短发展混合型算法，提高算法的性能，进一步扩宽算法在工程实际中的实用。

1.4.2　群集智能算法的设计

在运用群集智能算法解决待求问题时，必须首先设计算法的基本结构，它涉及诸多方面内容：①如何定义设计群集智能算法的"方法学"；②如何定义个体(如"人工蚂蚁"、"人工鸟"等)；③这些个体的行为应该简单或者复杂到什么程度；④个体是否需要一定是同质的(具有相同的属性)；⑤个体必须赋予哪些最基本的能力；⑥个体是简单对环节作出反应还是具有一定的学习能力；⑦个体对其领域环境知识的了解范围应该设为多大；⑧个体能不能(或有无必要)直接交互，如果能直接交互，它们应该交互哪些类型的信息。因此，群集智能算法模型的建立并非易事。

虽然群集智能算法没有遗传算法那么繁琐的编码和解码操作，但也与其他的计算智能方法一样，需要设计算法的运行参数。算法的参数选择直接关系到求解结果的质量，对于不同类型的问题，如何选择恰当的算法参数还需要进行大量的数值实验分析。此外，没有免费的午餐定理(No Free Lunch，NFL)表明不存在万能的适用于任何问题的优化算法，因此研究各群集智能算法的适用范围成为一件必要的研究工作。

1.4.3　群集智能算法性能的提高

用于问题求解的群集智能算法与其他进化计算方法类似，都是基于群体搜索的方法，因此也同样存在如何调整"搜索"(Exploration)与"利用"(Exploitation)之间的平衡这样一个基本问题。加强"利用"可以加快算法收敛，但可能会陷入局部最优；加强"搜索"可能跳出局部最优解而找到全局最优解，但可能会导致收敛时间过长，甚至不收敛。群集智能算法已有一些用于调整"搜索"与"利用"之间平衡的策略。例如，在人工蚁群算法中为蚂蚁的路径选择设定一个阈值，然后产生一个随机数。如果小于该阈值，则进行路径的确定性选择，即"利用"操作；如果大于该阈值，则进行路径的概率选择，即"搜索"操作。对于具体问题如何设定阈值，随着搜索过程的推进如何调整阈值，以及如何采用正、负反馈机制作为平衡策略，都是今后研究需要解决的问题。

随着科学和工程研究范围的扩展，问题的规模和复杂度越来越大，单一算法的求解结果的性能往往不够理想。基于这种现状，算法混合的思想已发展成为提高算法性能的一个重要而且有效的途径，其出发点就是使各种单一算法相互"取长补短"。例如，文献[59]采用协同进化的思想将蚁群优化和遗传操作混合起来，在多目标离散优化问题求解方面展示出较好的算法性能。

将多种群集智能算法有机融合以提高问题求解性能也是值得研究的课题。例如，发挥蚁群优化算法在求解离散问题上的特点并借助微粒子群优化算法在求解连续问题上的优势，可开发蚁群—微粒子群混合优化算法用于解决具有混合变量的优化问题(这类问题在工程实际中经常遇到)。

1.5　本书章节安排

全书共 8 章，结构安排如下。

　　第 1 章为概述，该章基于复杂性研究的视角，以复杂系统为背景，引入群集智能系统的概念，进而总结归纳了群集智能系统的基本原则和特点。在群集智能系统理论研究现状分析的基础上，给出了群集智能算法的未来发展展望。最后对全书的主要内容进行了说明，给出了全书的篇章结构。

　　第 2 章给出了蚁群优化算法的基本信息，如蚁群物理觅食过程、蚁群算法机制原理以及算法特点等。总结了传统蚁群优化算法以及各种改进蚁群优化算法的数学模型，并给出了算法实现流程。最后指出了蚁群优化算法的典型应用。为后续第 5 章利用蚁群优化算法进行无线传感器网络节点唤醒控制做好了准备。

　　第 3 章给出了传染病动力学模型介绍，详细阐述了经典仓室传染病模型、多种群传染病模型、网络传染病模型、基于 Agent 个体的传染病模型四类动力学模型。进而引出了基于传染病模型进行疫情优化控制的问题，给出了疫情优化控制数学模型及具体的参数意义。为后面利用传染病模型进行无线传感网传感器节点探测模块和通信模块联合唤醒控制做好了准备。

　　第 4 章给出了粒子群优化算法的基本信息，如算法描述、数学模型以及算法实现流程等。总结了几种常见的改进粒子群优化算法的数学模型，对其优缺点进行了分析和说明。最后指出了粒子群优化算法的典型应用。为后续第 7 章和第 8 章利用粒子群优化算法进行机场停机位分配和空间站姿态指令优化做好了准备。

　　第 5 章基于蚁群优化算法给出了一种无线传感器网络节点唤醒控制策略实现目标联合预警和跟踪。通过对传感器节点能量消耗分析阐述了节点唤醒控制的必要性，介绍了利用蚁群优化算法进行节点唤醒控制的合理性。给出了具体的算法实现，以及最大最小信息素的详细设计过程。最后总结了该算法的优势与下一步发展方向。

　　第 6 章针对无线传感网节点通信模块消耗较高的难题，给出了一种基于分布式传染病模型的联合探测模块与通信模块唤醒控制策略实现目标联合预警和跟踪。详细介绍了各个模块"直接感染"、"交叉感染免疫/免疫缺失"、"交叉感染"、"病毒量积累"的设计过程。建立了节点唤醒控制与传染病传播之间的对应关系，实现了无线传感网中节点探测模块和通信模块联合唤醒控制的协同优化，相比第 5 章中的算法进一步降低了能量消耗。

　　第 7 章基于粒子群优化算法进行了机场停机位分配求解。首先对机位分配问题约束条件和优化目标函数进行了简化分析，建立了停机位优化分配的多目标数学模型。通过引入近机位使用率和机位空闲时间两项目标函数权重因子，将其转化为单目标问题模型求解。从模型约束处理、航班的排序、适应度函数的设计等方面详细介绍了基于机位分配的粒子群算法流程。实验结果验证了所设计模型和算法的有效性。

第 8 章针对空间站组装过程中控制力矩陀螺角动量累加过饱和的问题，利用传统粒子群算法和基于互利共生的双种群粒子群算法对核心舱姿态指令进行优化，解决了传统方法对姿态指令优化存在模型难以求导、编程复杂的问题，使得控制力矩陀螺角动量处于较小的值，从而不需要进行控制力矩陀螺角动量卸载。通过姿态指令优化的仿真结果表明，传统粒子群算法优于梯度下降法，互利共生双种群粒子群算法优于传统粒子群算法。

参 考 文 献

[1] Prigogine I, Hiebert E N. From Bejing to becoming: time and complexity in the physical sciences. Physics Today, 1982, 35(1): 69-70.

[2] Anderson P W. More is different-broken symmetry and the nature of the hierarchical structure of science. Science and Culture Review, 2010, 177: 393-396.

[3] Waldrop M M. Complexity: The Emerging Science at the Edge of Order and Chaos. New York: Simon & Schuster, 1992.

[4] 宋学锋. 复杂性、复杂系统与复杂性科学. 中国科学基金, 2003, 17(5): 262-269.

[5] 钱学森, 于景元, 戴汝为. 一个科学新领域-开放复杂巨系统及其方法论. 自然杂志, 1990, 13(1): 3-10.

[6] Gell-Mann M. The quark and the jaguar. Adventures in the Simple & the Complex, 2014, 65(2): 58.

[7] 李夏, 戴汝为. 系统科学与复杂性(I). 自动化学报, 1998, 24(2): 200-207.

[8] 李夏, 戴汝为. 系统科学与复杂性(II). 自动化学报, 1998, 24(4): 476-483.

[9] Bonabeau E, Dorigo M, Theraulaz G. Swarm Intelligence: From Natural to Artificial Systems. New York: Oxford University Press, 1999.

[10] 肖人彬, 陶振武. 群集智能研究进展. 管理科学学报, 2007, 10(3): 80-96.

[11] Millonas M M. Swarm, phase transitions, and collective intelligence. Computational Intelligence: A Dynamic System Perspective, 1992: 137-151.

[12] 段海滨. 蚁群算法原理及其应用. 北京: 科学出版社, 2005.

[13] Dorigo M, Gambardella L M. Ant colony system: a cooperative learning approach to the traveling salesman problem. IEEE Transaction on Evolutionary Computation, 1997, 1(1): 53-66.

[14] 李士勇. 蚁群算法及其应用. 哈尔滨: 哈尔滨工业大学出版社, 2004.

[15] Theraulaz G, Bonabeau E. Modelling the collective building of complex architectures in social insects with lattice swarms. Journal of Theoretical Biology, 1995, 177(4): 381-400.

[16] Karabog D, Basturk B. A powerfiil and efficient algorithm for numerical function optimization: artificial bee colony（ABC）algorithm. Journal of Global Optimization, 2007, 39（3）: 459-471.

[17] 李田来, 刘方爱, 王新华. 基于分治策略的改进人工蜂群算法. 控制与决策, 2015, 30（2）: 316-320.

[18] 潘峰, 李位星, 高琪, 等. 粒子群优化算法与多目标优化. 北京: 北京理工大学出版社, 2013.

[19] 潘峰, 李位星, 高琪, 等. 动态多目标粒子群优化算法及其应用. 北京：北京理工大学出版社, 2014.

[20] Shi Y, Eberhart R C. Fuzzy adaptive particle swarm optimization. Proceedings of 2001 Congress on Evolutionary Computation, 2001, 1:101-106.

[21] 马知恩, 周义仓, 王稳地, 等. 传染病动力学的数学建模与研究. 北京: 科学出版社, 2004.

[22] 黄顺祥, 要茂盛, 徐莉. 传染病监测预测与优化控制. 北京: 科学出版社, 2016.

[23] 李晓磊. 一种新型的智能优化方法-人工鱼群算法. 浙江: 浙江大学博士学位论文, 2003.

[24] 李晓磊, 邵之江, 钱积新. 一种基于动物自治体的寻优模式: 鱼群算法. 系统工程理论与实践, 2002, （11）: 32-38.

[25] 李晓磊, 钱积新. 人工鱼群算法: 自下而上的寻优模式. 过程系统工程 2001 年年会, 2001.

[26] Nishimura S I, Ikegami T. Emergence of collective strategies in a prey-predator game model. Artificial Life, 1997, 3（4）: 243-261.

[27] Chavez H Z. Artificial intelligence profits from biological lessons. IEEE Educational Activities Department, 2004, 5（5）: 5.

[28] Zhang S, Lee C K M, Chan H K. Swarm intelligence applied in green logistics: a literature review. Engineering Applications of Artificial Intelligence, 2014, 37: 154-169.

[29] Chu S C, Huang H C, Roddick J F. Overview of algorithms for swarm intelligence. The 3rd International Conference on Computational Collective Intelligence: Technologies and Applications, 2011: 28-41.

[30] 蒲汛. 群集智能及其在分布式系统中的应用研究. 成都: 电子科技大学, 2012: 2-11.

[31] 张燕, 康琦, 汪镭, 等. 群体智能. 冶金自动化, 2005, 2: 1-4.

[32] 刘佰龙. 群集智能理论及其在多机器人系统中的应用研究. 哈尔滨工业大学, 2008.

[33] 许国志, 顾基发, 车宏安. 系统科学. 上海: 上海科技教育出版社, 2000.

[34] Dorigo M, Maniezzo V, Colorni A. Positive feedback as a search strategy. Technical Report, 1991.

[35] 郑维敏. 正反馈. 北京: 清华大学出版社, 1998.

[36] Kennedy J, Ebethart R C. Particle swarm optimization. IEEE International Conference on Neural Networks, 1995: 1942-1948.

[37] 韩靖, 蔡庆生. AER 模型中的智能涌现. 模式识别与人工智能, 2002, 6: 134-142.

[38] 黄光球, 慕峰峰, 陆秋琴. 基于 SEIV 传染病模型的函数优化方法. 计算机应用研究, 2014, 31(11): 3375-3384.

[39] 黄顺祥, 要茂盛, 徐莉. 传染病监测预测与优化控制. 北京: 科学出版社, 2016.

[40] Liang Y, Feng X X, Yang F. The distributed infectious disease model and its application to collaborative sensor wakeup of wireless sensor networks. Information Science, 2013, 223:192-204.

[41] Beni G, Wang J. Distributed robotic systems and swarm intelligence. Proceedings of IEEE International Conference on Robotics and Automation, 1991: 1914.

[42] Vitorino R, Carlos F, Agostinho C R. On ants, bacteria and dynamic environments. Natural Computing and Applications Workshop, 2005, 9: 1-8.

[43] Shen W M, Chuong C M, Will P. Hormone-inspired self-organization and distributed control of robotic swarms. Autonomous Robots, 2004, (17): 93-105.

[44] Simon G, Christian J. Collective decision-making by a group of cockroach-like robots. IEEE Proceedings on Swarm Intelligence Symposium, 2005, 7: 233-240.

[45] Raphael J, Colette R. Self-organized aggregation in cockroaches. Animal Behaviour, 2005, 69(1): 169-180.

[46] Bahgeci E, Sahin E. Evolving aggregation behaviors for swann robotic systems: a system case study. IEEE Proceedings on Swann Intelligence Symposium, 2005, 6: 333-340.

[47] Aram G, Tad H, Kristina L. Modeling and mathematical analysis of swarms of microscopic robots. IEEE Proceedings on Swarm Intelligence Symposium, 2005, 6: 201-208.

[48] Jason T, Rao T M, Raghuveer R. Robust recruitment near the edge of chaos and an application to mine sweeping. IEEE International Conference on Systems, Man and Cybemetics, 2003, 10: 4582-4587.

[49] Onur S, Erol S. Probabilistic aggregation strategies in swarm robotic system. IEEE Proceedings on Swarm Intelligence Symposium, 2005, 6: 325-332.

[50] 李衍达. 生物界的自组织现象与机理. 香山科学会议第 227 次学术研讨会, 2004.

[51] Sugawara K, Sano M, Yoshihara I. Foraging behavior of multi-robot system and emergence of swarm intelligence. IEEE International Conference on Systems, Man, and Cybernetics, 1999: 257-262.

[52] Alejandro R, James A R. Using aggregate motion in multi-agent teams to solve search and transport problems. IEEE Proceedings on Swarm Intelligence Symposium, 2005, 6: 373-380.

[53] KumarV, Sahin F. Cognitive maps in swarm robots for the mine detection application. IEEE International Conference on Systems, Man, and Cybernetics, 2003, 10: 3364-3369.

[54] Zhang D D, Xie G M, Yu J Z. Adaptive task assignment for multiple mobile robots via swarm intelligence approach. Robotics and Autonomous, 2007, 55(7): 572-588.

[55] Gazi V, Passino K M. Stability analysis of social foraging swarms. IEEE Transactions on Systems, Man, and Cybernetics-Part B, 2004, 34(1): 539-557.

[56] Liu Y, Marios K. Stability analysis of m-dimensional asynchronous swarm with a fixed communication toplogy. IEEE Transactions on Automatic Control, 2003, 48(4):76-95.

[57] 陈世明, 方华京. 大规模智能群体的建模及稳定性分析. 控制与决策, 2005, 20(5): 490-494.

[58] Nicolis S C, Deneubourg J L. Emerging patterns and food recruitment in ants: an analytical study. Journal of Theoretical Biolog, 1999, (198): 575-592.

[59] 陶振武, 肖人彬. 协同进化蚁群算法及其在多目标优化中的应用. 模式识别与人工智能, 2005, 18(5): 588-595.

第二篇　基　础　篇

第 2 章　蚁群优化算法

2.1　引　言

蚁群优化(Ant Colony Optimization, ACO)算法是一种最新发展的模拟昆虫王国中蚂蚁群体觅食行为的仿生优化算法，最初由意大利学者 M. Dorigo 于 1991 年首次提出。该算法的提出是受到真实蚂蚁觅食行为的启示，经研究蚂蚁的觅食习性时发现，当蚂蚁觅食时，最初以一种任意方式选择任意一条路径，当一只蚂蚁发现食物源时，在返回蚁穴的途中释放一种叫作信息素(Pheromone)的挥发性化学物质，释放信息素的数量可能与食物的数量和质量有关，这样就可以引导其他蚂蚁发现食物源。通过对蚂蚁觅食行为的研究发现，整个蚁群就是通过这种信息素进行相互协作，形成正反馈，使多个路径上的蚂蚁逐渐聚集到最短的那条路径上来[1]。这样，M. Dorigo 等在基于真实蚂蚁觅食行为的基础上提出了蚁群算法，这是一种基于种群寻优的启发式搜索算法，它充分利用了生物蚁群能通过个体间简单的信息传递，搜索从蚁穴至食物间最短路径的集体寻优特征。其本质上是一个复杂的智能系统，蚁群算法所表现出来的群集智能很好地模拟了蚁群觅食的流程性及柔性分工特性，并且模拟了蚁群处理工作链脱节和延迟问题所采用的岗位替补与协同模式。

蚁群优化算法采用了正反馈并行自催化机制，具有较强的鲁棒性、优良的分布式计算机制、易于与其他方法结合等优点，在解决许多复杂优化问题方面已经展现出其优异的性能和巨大的发展潜力。ACO 作为一种更高效的并行搜索算法，非常适于对复杂环境中的优化问题求解，对其进行理论和应用研究具有重要的学术意义和工程价值。因此，近几年吸引了国内外许多学者对其进行多方面的研究工作，已经成为人工智能领域的一个研究热点。目前对其研究已渗透到多个应用领域，并由解决一维静态优化问题发展到解决多维动态组合优化问题，如今在国内外许多学术期刊和国际重要会议上，蚁群算法已成为交叉学科中一个非常活跃的前沿性研究问题。本章从 ACO 的理论原理、算法流程、算法改进及应用等方面进行较全面的介绍。

2.2　蚁群优化算法理论原理

蚁群算法是对自然界蚂蚁的寻径方式进行模拟而得出的一种仿生算法。蚂蚁在运动过程中,能够在它所经过的路径上留下信息素进行信息传递,而且蚂蚁在运动过程中能够感知这种物质,并以此来指导自己的运动方向。因此,由大量蚂蚁组成的蚁群的集体行为便表现出一种信息正反馈现象:某一路径上走过的蚂蚁越多,则后来者选择该路径的概率越大。

2.2.1　基本蚁群的觅食过程

为了说明蚂蚁算法的原理,先简要介绍一下蚂蚁搜寻食物的具体过程[2]。在自然界中,蚂蚁在寻找食物时,他们总能找到一条从食物到巢穴之间的最优路径。这是因为蚂蚁在寻找路径时会在路径上释放出一种特殊的信息素。蚁群算法的信息交互主要是通过信息素来完成的。蚂蚁在运动过程中,能够感知这种物质的存在和强度。初始阶段,环境中没有信息素的遗留,蚂蚁寻找食物完全是随机选择路径,随后寻找该食物源的过程中就会受到先前蚂蚁所遗留的信息素的影响,其表现为蚂蚁在选择路径时趋向于选择信息素浓度高的路径。同时,信息素是一种挥发性化学物,那对于较短路径上残留的信息素浓度就相对较高,被后来的蚂蚁选择的概率越大,从而导致这条短路径上走的蚂蚁就越多。而经过的蚂蚁越多,该路径上残留的信息素就将更多,这样使得整个蚂蚁的集体行为构成了信息素的正反馈过程,最终整个蚂蚁会找出最优路径。

若蚂蚁从 A 点出发,速度相同,食物在 D 点,则它可能随机选择路线 ABD 或 ACD。假设初始时每条路线分配一只蚂蚁,每个时间单位行走一步。图 2.1 所示为经过 8 个时间单位时的情形:走路线 ABD 的蚂蚁到达终点;而走路线 ACD 的蚂蚁刚好走到 C 点,为一半路程。图 2.2 表示从开始算起,经过 16 个时间单位时的情形:走路线 ABD 的蚂蚁到达终点后得到食物又返回了起点 A,而走路线 ACD 的蚂蚁刚好走到 D 点。

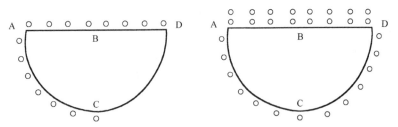

图 2.1　蚂蚁出发后经过 8 个时间单位时的情形　图 2.2　蚂蚁出发后经过 16 个时间单位时的情形

假设蚂蚁每经过一处所留下的信息素为 1 个单位，则经过 32 个时间单位后，所有开始一起出发的蚂蚁都经过不同路径从 D 点取得了食物。此时 ABD 的路线往返了 2 趟，每一处的信息素为 4 个单位；而 ACD 的路线往返了一趟，每一处的信息素为 2 个单位，其比值为 2∶1。

寻找食物的过程继续进行，则按信息素的指导，蚁群在 ABD 路线上增派一只蚂蚁(共 2 只)，而 ACD 路线上仍然为一只蚂蚁。再经过 32 个时间单位后，两条线路上的信息素单位积累为 12 和 4，比值 3∶1。

若按以上规则继续，蚁群在 ABD 路线上再增派一只蚂蚁(共 3 只)，而 ACD 路线上仍然为一只蚂蚁。再经过 32 个时间单位后，两条线路上的信息素单位积累为 24 和 6，比值 4∶1。

若继续进行，则按信息素的指导，最终所有的蚂蚁都会放弃 ACD 路线，而选择 ABD 路线，这也就是所谓的正反馈反应。

2.2.2　基本蚁群的机制原理

基于上述真实蚂蚁群体觅食行为的过程，蚁群算法作为一种新的计算智能模式被学者所提出，该算法基于以下几条假设。

(1)蚂蚁之间通过信息素和环境进行通信。每只蚂蚁仅根据其周围的局部环境做出反应，也只对其周围的局部环境产生影响。

(2)蚂蚁对环境的反应由其内部模式决定。因为蚂蚁是基因生物，蚂蚁的行为实际上是基因的适应性表现，即蚂蚁是反应性适应性主体。

(3)在个体水平上，每只蚂蚁仅根据环境做出独立选择；在群体水平上，单只蚂蚁的行为是随机的，单蚁群可通过自组织过程形成高度有序的群体行为。

由上述假设和分析可见，基本蚁群算法的寻优机制包括两个基本阶段：适应阶段和协调阶段。在适应阶段，各候选解根据积累的信息不断调整自身结构，路径上经过的蚂蚁越多，信息量越大，则该路径越容易被选择，时间越长，信息量会越小；在协作阶段，候选解之间通过信息交流，以期望产生性能更好的解，类似于学习自动机的学习机制。

蚁群算法实际上是一类智能多主体的系统，其自组织机制使得蚁群算法不需要对所求问题的每一方面都有详尽的认识。自组织本质上是蚁群算法机制在没有外界作用下使系统熵增加的动态过程，体现了从无序到有序的动态演化[3,4]，其逻辑结构如图 2.3 所示。

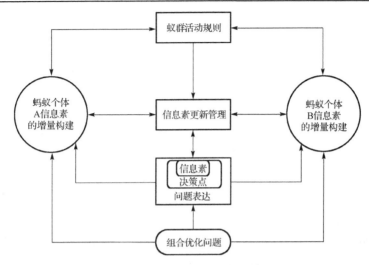

图 2.3　蚁群算法逻辑结构示意图

由图 2.3 可见，先将具体的组合优化问题表述成规范的格式，然后利用蚁群算法在"搜索"（Exploration）和"利用"（Exploitation）之间根据信息素这一反馈载体确定决策点，同时按照相应的信息素更新规则对每只蚂蚁个体的信息素进行增量构建，随后从整体角度规划出蚁群活动的行为方向，周而复始，即可求出组合优化问题的最优解。

2.2.3　基本蚁群算法的特点

蚁群算法是通过对生物特征的模拟得到的一种优化算法，它本身具有很多优点，具体如下。

（1）蚁群算法本质上是一种并行算法。每只蚂蚁的搜索过程彼此独立，仅通过信息激素进行通信。所以蚁群算法可以看作一个分布式的多智能体系统，它在问题空间的多点同时开始独立的解搜索，不仅增加了算法的可靠性，也使得算法具有较强的全局搜索能力。

（2）蚁群算法是一种自组织的算法。所谓自组织，就是组织力或组织指令来自于系统内部。如果系统在获得空间、时间或者功能结构过程中，没有外界的特定干预，就可以说系统是自组织的。简单地说，自组织就是系统从无序到有序的变化过程。

（3）蚁群算法具有较强的鲁棒性。相对于其他算法，蚁群算法对初始路线的要求不高，即蚁群算法的求解结果不依赖于初始路线的选择，而且在搜索过程中不需要进行人工调整。此外，蚁群算法的参数较少，设置简单，因而该算法易于应用到组合优化问题的求解。

（4）蚁群算法是一种正反馈算法。从真实蚂蚁的觅食过程中不难看出，蚂蚁能够最终找到最优路径，直接依赖于最短路径上信息素的累积，而信息素的累积恰好是一个正反馈的过程。该正反馈过程在蚂蚁算法中表现为：根据单个蚂蚁所得解的优劣程度计算反馈量，从而优良解上的轨迹信息激素更新量就大，轨迹信息激素越大的轨迹越被蚂蚁下一次选中的概率越大。但单一的正反馈无法实现系统的自组织，自组织系统需要通过正反馈和负反馈的结合才能实现系统的自我创造和更新。其实，真实蚁群中隐藏着负反馈机制，它体现在蚂蚁算法问题解的构造过程中用到的概率搜索技术和轨迹量挥发两个方面。通过概率搜索技术可以增加生成解的随机性，随机性的作用在于能够容忍问题解在一定程度上的退化，同时又使得在一段时间内保持足够大的搜索范围。通过轨迹量的挥发可以抑制轨迹上信息激素的过度累积，避免算法过于收敛而陷入局部最优。这样，正反馈缩小搜索范围，保证算法朝着优化的方向演化，负反馈保持搜索范围，避免算法过早收敛（称为早熟）。正是在正反馈和负反馈共同作用的影响下，蚂蚁算法得以实现自组织演化，从而寻找到问题的优化解。

2.3　蚁群优化算法数学模型及实现流程

2.3.1　蚁群优化算法的数学模型

为了说明蚂蚁系统模型，首先引入旅行商问题(Traveling Salesman Problem, TSP)[4-6]。选择旅行商问题作为测试问题的原因主要有：①它是一个最短路径问题，蚁群优化算法很容易求解这类问题；②很容易理解，不会有太多术语使得算法行为的解释难以理解；③TSP 是典型的组合优化难题，常常用来验证这一算法的有效性，便于与其他算法比较。

设 $C = \{c_1, c_2, \cdots, c_n\}$ 是 n 个城市的集合，$L = \{l_{ij} \mid c_i, c_j \subset C\}$ 是集合 C 中元素（城市）两两连接的集合，$d_{ij}(i, j = 1, 2, \cdots, n)$ 是 l_{ij} 的 Euclidean 距离。$b_i(t)$ 表示 t 时刻位于元素 i 的蚂蚁数目，$\tau_{ij}(t)$ 为 t 时刻路径 (i, j) 上的信息量，n 表示 TSP 规模，m 为蚂蚁的总数目，则 $m = \sum_{i=1}^{n} b_i(t)$，$\tau = \{\tau_{ij}(t) \mid c_i, c_j \subset C\}$ 是 t 时刻集合 C 中元素（城市）两两连接 l_{ij} 上残留信息量的集合。在初始时刻各条路径上的信息量相等，并设 $\tau_{ij}(0) = \mathrm{const}$，基本蚁群算法的寻优是通过有向图 $g = (C, L, \tau)$ 实现的。

蚂蚁 $k(k = 1, 2, \cdots, m)$ 在运动过程中，根据各条路经上的信息量决定其转移方向。这里用禁忌表 $\mathrm{tabu}_k(k = 1, 2, \cdots, m)$ 来记录蚂蚁 k 当前所走过的城市，集合随着 tabu_k 进化过程作动态调整。在搜索过程中，蚂蚁根据各条路径上的信息量及路径的启发信息来计算状态转移概率。$p_{ij}^{k}(t)$ 表示在 t 时刻蚂蚁 k 由元素(城市) i 转移到元素(城市) j 的状态转移概率

$$p_{ij}^{k}(t) = \begin{cases} \dfrac{\left[\tau_{ij}(t)\right]^{\alpha} \cdot \left[\eta_{ik}(t)\right]^{\beta}}{\displaystyle\sum_{s \subset \text{allowed}_k} \left[\tau_{is}(t)\right]^{\alpha} \cdot \left[\eta_{is}(t)\right]^{\beta}}, & j \in \text{allowed}_k \\ 0, & \text{其他} \end{cases} \tag{2-1}$$

式中，$\text{allowed}_k = \{C - \text{tabu}_k\}$ 表示蚂蚁 k 下一步允许的城市；α 为信息启发式因子，表示轨迹的相对重要性，反映了蚂蚁在运动过程中所积累的信息在蚂蚁运动时所起的作用，其值越大，则该蚂蚁越倾向于选择其他蚂蚁经过的路径，蚂蚁之间协作性越强；β 为期望启发因子，表示能见度的相对重要性，反映了蚂蚁在运动过程中启发信息在蚂蚁选择路径中的受重视程度，其值越大，则该状态转移概率越接近于贪心规则；$\eta_{ij}(t)$ 为启发函数，其表达式如下

$$\eta_{ij}(t) = \frac{1}{d_{ij}} \tag{2-2}$$

式中，d_{ij} 表示相邻两个城市之间的距离，对蚂蚁 k 而言，d_{ij} 越小，则 $\eta_{ij}(t)$ 越大，$p_{ij}^{k}(t)$ 也就越大。显然，该启发函数表示蚂蚁从元素(城市) i 转移到元素(城市) j 的期望程度。

为了避免残留信息素过多引起残留信息淹没启发信息，在每只蚂蚁走完一步或者完成对所有 n 个城市的遍历(也即一个循环结束)后，在新信息不断存入大脑的同时，存储在大脑中的旧信息随着时间的推移逐渐淡化，甚至忘记。由此，$t+n$ 时刻在路径 (i, j) 上的信息量可按如下规则进行调整

$$\tau_{ij}(t+n) = (1-\rho) \cdot \tau_{ij}(t) + \Delta\tau_{ij}(t) \tag{2-3}$$

$$\Delta\tau_{ij}(t) = \sum_{k=1}^{m} \Delta\tau_{ij}^{k}(t) \tag{2-4}$$

式中，ρ 表示信息素挥发系数，则 $1-\rho$ 表示信息素残留因子。为了防止信息的无限积累，ρ 的取值范围为：$\rho \subset [0,1)$；$\Delta\tau_{ij}(t)$ 表示本次循环中路径 (i, j) 上的信息素增量，初始时刻 $\Delta\tau_{ij}(0) = 0$，$\Delta\tau_{ij}^{k}(k)$ 表示第 k 只蚂蚁在本次循环中留在路径 (i, j) 上的信息量。

根据信息素更新策略的不同，Dorigo M 提出了三种不同的基本蚁群算法的模型，分别称之为 Ant-Cycle 模型、Ant-Quantity 模型及 Ant-Density 模型，其差别在于 $\Delta\tau_{ij}^{t}(k)$ 求法的不同。

在 Ant-Cycle 模型中

$$\Delta \tau_{ij}^{k}(t) = \begin{cases} \dfrac{Q}{L_k}, & \text{当蚂蚁 } k \text{ 在时刻 } t \text{ 经过边 } ij \text{ 时} \\ 0, & \text{其他} \end{cases} \tag{2-5}$$

式中，Q 表示信息素强度，它在一定程度上影响算法的收敛速度；L_k 表示第 k 只蚂蚁在本次循环中所走过的路径的总长度。

在 Ant-Quantity 模型中

$$\Delta \tau_{ij}^{k}(t) = \begin{cases} \dfrac{Q}{d_{ij}}, & \text{当蚂蚁 } k \text{ 在时刻 } t \text{ 经过边 } ij \text{ 时} \\ 0, & \text{其他} \end{cases} \tag{2-6}$$

在 Ant-Density 模型中

$$\Delta \tau_{ij}^{k}(t) = \begin{cases} Q, & \text{当蚂蚁 } k \text{ 在时刻 } t \text{ 经过边 } ij \text{ 时} \\ 0, & \text{其他} \end{cases} \tag{2-7}$$

三种模型的区别为：在 Ant-Quantity 和 Ant-Density 中利用的是局部信息，即蚂蚁完成一步后更新路径上的信息素；而在 Ant-Cycle 中利用的是整体信息，即蚂蚁完成一个循环后更新所有路径上的信息素，在求解 TSP 时性能较好，因此通常采用 Ant-Cycle 模型作为蚁群算法的基本模型。

2.3.2　蚁群优化算法的算法步骤流程

以 TSP 为例，基本蚁群算法的具体步骤如下[4]。

步骤 1　参数初始化。令时间 $t=0$ 和循环次数 $N_c = 0$，设置最大循环次数 $N_{c\max}$，将 m 蚂蚁置于 n 个元素（城市）上，令有向图上每条边 (i,j) 的初始化信息量 $\tau_{ij}(t) = \text{const}$，其中，const 表示常数，且初始时刻 $\Delta \tau_{ij}(0) = 0$。

步骤 2　循环次数 $N_c \leftarrow N_c + 1$。

步骤 3　蚂蚁的禁忌表索引号 $k = 1$。

步骤 4　蚂蚁数目 $k \leftarrow k + 1$。

步骤 5　蚂蚁个体根据状态转移概率公式(2-1)计算的概率选择元素(城市)j 并前进，$j \in \{C - \text{tabu}_k\}$。

步骤 6　修改禁忌表指针，即选择好之后将蚂蚁移动到新的元素（城市），并把该元素（城市）移动到该蚂蚁个体的禁忌表中。

步骤 7　若集合 C 中元素（城市）未遍历完，即 $k < m$，则跳转到步骤 4，否则执行步骤 8。

步骤 8　根据公式(2-3)和公式(2-4)更新每条路径上的信息量。

步骤9 若满足结束条件，即如果循环次数 $N_c \geq N_{c\max}$，则循环结束并输出程序计算结果，否则清空禁忌表并跳转到步骤2。

2.3.3 蚁群优化算法的程序结构流程

以 TSP 为例，基本蚁群算法的程序结构流程如图 2.4 所示。

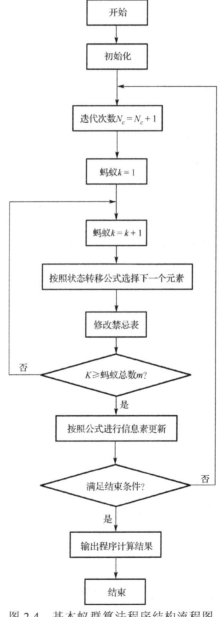

图 2.4 基本蚁群算法程序结构流程图

2.4 改进的蚁群优化算法

从算法改进的角度考虑，基本上有两种主要思路：第一种算法改进思路以问题为导向，即通过分析实际问题的构造特点，对算法的结构或参数提出新的要求，由此形成改进算法。例如，针对问题的目标由单目标变为多目标，约束条件由无约束变为有约束，变量由离散型变为连续型等，相应地产生出了多目标蚁群算法[7,8]、连续变量蚁群算法[9-12]等改进算法。这类算法可称为面向对象的改进算法，适宜求解特定问题，但由于问题对象特点的限制，其普适性存在不足。另一种算法改进思路是方法导向，即基于对算法所对应的生物学原型的深入分析，提炼出一些以往尚未发现或者发现但并未利用到的特征，嵌入原有算法，在其中加以实现，以提升算法的求解能力，包括加大寻找全局最优解的概率、加快算法收敛的速度、降低算法计算的时间复杂度和空间复杂度、提高算法的稳定性[13-17]等。这类改进算法包括最大最小蚁群算法、Ant-Q 算法、带禁忌搜索策略的蚁群算法、多群体蚁群算法、具有变异特征的蚁群算法、自适应蚁群算法、与其他智能算法相结合的蚁群算法等。这里，我们仅对一些效果较好的以方法为导向的改进算法进行综述。

2.4.1 最大最小蚁群算法

为了防止过早的算法停滞现象，该算法通过限定信息素浓度允许值的上下限，将每条路径上的信息素 $\tau_{ij}(t)$ 限定在 $[\tau_{min}, \tau_{max}]$ 之间，即 $\tau_{min} \leqslant \tau_{ij}(t) \leqslant \tau_{max}$。在每次迭代之后，都保证信息素浓度满足该式。如果 $\tau_{ij} > \tau_{max}$，则 $\tau_{ij} = \tau_{max}$；同样，如果 $\tau_{ij} < \tau_{min}$，则 $\tau_{ij} = \tau_{min}$，同时保证 $\tau_{min} > 0$，并且如果对于所有的解元素有 $\eta_{ij} < \infty$，那么选择一特定解元素的概率不为 0。

在搜索过程中，可以设置信息素的最大值 τ_{max} 为一个最大极限值的估计，为

$$\underset{t \to \infty}{\mathrm{Lim}}\, \tau_{ij}(t) = \tau_{ij} \leqslant \frac{1}{1-\rho} \cdot \frac{1}{f(s^{gb})} \tag{2-8}$$

其中，s^{gb} 为全局最优解。

当得到最优解时，按照公式(2-8)更新 τ_{max}，这样便可得到一个动态的变化值 $\tau_{max}(t)$。

为了解决 τ_{min}，可以使用下面的假设。

(1)最优解是在搜索停止前得到的。在这种情况下，算法的一次迭代中找到全局最优解的概率就远远大于 0，因为较好的解可能就处于接近最优解的地方。

(2) 影响解的一个主要原因取决于信息素最大和最小限制的差异,而不是启发式信息。

根据上面的假设,可以选择一个好的 $\tau_{\min}$ 值来提高算法的收敛性。这里先给定一个 P_{best} ($P_{\text{dec}} = \sqrt[n]{P_{\text{best}}}$),然后设置 $\tau_{\min}$,即

$$P_{\text{dec}} = \frac{\tau_{\max}}{\tau_{\max} + (\overline{\tau} - 1)\tau_{\min}} \tag{2-9}$$

$$\tau_{\min} = \frac{\tau_{\max}(1 - P_{\text{dec}})}{(\overline{\tau} - 1)P_{\text{dec}}} = \frac{\tau_{\max}\left(1 - \sqrt[n]{P_{\text{best}}}\right)}{(\overline{\tau} - 1)\sqrt[n]{P_{\text{best}}}} \tag{2-10}$$

如果 $P_{\text{best}} = 1$,那么 $\tau_{\min} = 0$,如果 P_{best} 太小,通过公式 (2-10) 计算得到的值可能会出现 $\tau_{\min} > \tau_{\max}$,这时可设 $\tau_{\min} = \tau_{\max}$。

信息素浓度最大值最小值的选择取决于平均路径的长度。通过设定信息素的上下限,不会使一条路径上的信息素浓度过高,从而导致过早停滞,也不会因为一条路径上的信息素过低而导致算法发现新路径可能性的降低。这样,通过对信息素浓度的限制,降低了算法搜索中的早期收敛(停滞)问题。特别是,对于要求迭代次数较多的问题求解过程,这样的寻优模式将具有更好的效果。

在最大最小蚁群算法中,只允许其中的一个路径更新信息素。该路径通常是最优路径,它可以是在所有周游过程中已经找到的最优路径,也可以是在当前周游中找到的最优路径。信息素可按照下面的公式进行更新

$$\tau_{ij}(t+1) = \rho\tau_{ij}(t) + \Delta\tau_{ij}^{\text{best}} \tag{2-11}$$

式中,$\Delta\tau_{ij}^{\text{best}} = 1/f(s^{\text{best}})$,并且 $f(s^{\text{best}})$ 表示该次迭代中的最优路径 (s^{ib}),或者是全局最优路径 (s^{gb}) 的代价函数。仅使用一只蚂蚁来更新所找到路径的方法在传统蚁群算法中也可以应用,不过在传统算法中,使用的仅是 (s^{gb}) (尽管很有限的实验使用了 (s^{ib}))。当仅使用 (s^{gb}) 对信息素进行更新时,搜索可能会过快地收敛,对可能的较好解的范围进行开发的过程也将受到限制,这将会导致算法的局部收敛;如果只使用 (s^{ib}),则可避免上述情况,因为该次迭代的最优路径(解)会随着迭代次数的不同而显著变化,并且会有较大数量的路径(解)得到增强。当然,这里还可以使用混合策略,比如使用 (s^{ib}) 来作为信息素更新的默认值,而仅在固定的迭代次数间隔时使用 (s^{gb})。实际上,在我们使用最大最小蚁群算法时,要结合局部搜索算法,即最好的策略是使用一种动态的混合策略,在搜索过程中,增加使用 (s^{gb}) 的频率来进行信息素更新。这样,在初始化时,每条边上的信息素 $\tau_{ij}(0) = \tau_{\max}$;在每次迭代后,信息素浓度以 ρ 挥发,并且只有找到最优路径的蚂蚁才能增加它

的信息浓度，使其保持较高的水平。因此，较差路径上的信息素浓度就会增加较慢，而只有最优路径上的信息素浓度才会维持一个较高的水平，并且被更多的蚁蚁选择。这样，最大最小蚁群算法相对基本蚁群算法，其性能必然有了较大的提高。

2.4.2　具有变异和分工特征的蚁群算法

蚁群算法是一种新型的模拟进化算法，初步的研究已经表明该算法具有许多优良的性质。但该算法也存在一些缺点，如计算时间较长、执行复杂度较高等。为了克服这些缺点，给出了一种新的蚁群算法—具有变异和分工特征的蚁群算法。

在该算法中，为了避免蚁群一开始就失去解的多样性，对选择策略进行了改进。在路径上信息量未达到一定阈值时，让蚁蚁忽视较优解的存在。只有当信息量的刺激趋于所设阈值 ρ_0 时，才让蚁蚁在信息量的刺激下趋于信息量累计较多的路径。这样，各蚁蚁智能体就可在寻优的初始阶段选择较多的路径，以保证解的多样性。

这里，可以让第 k 只蚁蚁按以下概率从状态 i 转移到状态 j

$$j = \begin{cases} \max\{\tau_{is}^{\alpha} \cdot \eta_{is}^{\beta}\}, s \in \text{allowed}_k, & \text{若} r \leq p^0 \\ \text{依概率} p_{ij}^k \text{选择} j, & \text{其他} \end{cases} \quad (2\text{-}12)$$

式中，$p^0 \in (0,1)$；r 是 $(0,1)$ 中均匀分布的随机数。由此便增加了所得解的多样性，并在一定程度上削弱了蚁群陷入局部最优的趋势，经过 n 个时刻各路径上信息量按如下规则进行全局修正

$$\tau_{ij}(t+n) = \rho \tau_{ij}(t) + (1-\rho)\Delta \tau_{ij} \quad (2\text{-}13)$$

式中，$\Delta \tau_{ij} = \Delta \tau_{ij}^k$，其中的第 k 只蚁蚁是发现本次循环中最短路径的蚁蚁，$\Delta \tau_{ij}^k$ 按经典算法中的公式求得。在全局修正规则中，只让实现最好周游的蚁蚁释放信息素，它和改进的状态转移规则相结合的搜索模式，保证了蚁蚁在优秀父辈完成的周游领域内进行更多的搜索，这就使得相应的求解速度大大提高。

同时在该算法中引入了变异机制，可以克服蚁群算法计算时间较长的缺陷。经过局部优化后，整个群体的性能就会得到明显的改善，使算法保持更好的多样性特征。蚁群算法的变异方法主要有两种：逆转变异和插入变异[18]。

在该种蚁群算法的改进中对各蚁蚁智能体进行分工，我们称之为具有分工的蚁群算法。如在 TSP 问题求解中，蚁蚁从不同的定点出发，就相当于这些蚁蚁根据出发的定点不同而进行分工，并且从自己出发的定点找出回到自己定点的最短路径。如果不加分工，就很难得到最短路径。在函数优化中，通常其数学描述为

$$\min f(x_i); x_{i\min} \leqslant x_i \leqslant x_{i\max}, x \in R^n, i = \{1,2,3,\cdots\} \tag{2-14}$$

如果对每个 x_i 的区间派一种蚂蚁去搜索，或者让每一种蚂蚁搜索一个变量取值范围，就可使得每种蚂蚁的搜索空间大大减小。这样，不但降低了求解问题的难度，还增强了蚁群算法的搜索能力。

2.4.3　自适应蚁群算法

针对蚁群算法加速收敛和早熟停滞现象之间的矛盾，提出了这种分布平衡的自适应蚁群算法，可以在加速收敛和防止早熟、停滞现象之间取得很好的平衡。该算法可以根据优化过程中解的分布平衡度，自适应地调整路径选择概率的确定策略和信息量更新策略。

根据蚁群算法搜索情况来自适应动态修改信息素的方法[19]，可在一定程度上有效地解决扩大搜索空间和寻找最优解之间的矛盾，从而使得算法跳离局部最优解。在该算法中，采用时变函数 $Q(t)$ 来代替调整信息素 $\Delta\tau_{ij}^k = Q/L_k$ 中为常数项的信息素强度 Q，即选择

$$\Delta\tau_{ij}^k(t) = f(t) = \frac{Q(t)}{L_k} \tag{2-15}$$

由状态转移概率公式 (2-1) 可知，当 $\alpha = 0$ 时，只是路径信息起作用，算法相当于最短路径寻优，从而有

$$p_{ij}^k = \eta_{ij}^\beta(t) \tag{2-16}$$

当 $\beta = 0$ 时，路径信息的启发作用等于 0，此算法相当于盲目地随机搜索，从而有

$$p_{ij}^k = \frac{\tau_{ij}^\alpha(t)}{\sum \tau_{is}^\alpha(t)} \tag{2-17}$$

选用时变函数代替常数项 Q，在路径上的信息素随搜索过程蒸发或增多的情况下，继续在蚂蚁的随机搜索和路径信息的启发作用之间保持"探索"和"利用"的平衡点。这里，可选择如下阶梯函数

$$Q(t) = \begin{cases} Q_1, & t \leqslant T_1 \\ Q_2, & T < t \leqslant T_2 \\ Q_3, & T_2 < t \leqslant T_3 \end{cases} \tag{2-18}$$

式中，Q_i 对应阶梯函数的不同取值。$Q(t)$ 也可选择连续函数。

在该算法中，如果一段时间内获得的最优解没有变化，说明搜索陷入某个极

值点中(未必是全局最优解)，此时可采用强制机制减小要增加的信息量，力图使其从局部极小值中逃脱出来，即减小 $Q(t)$；在搜索过程初始阶段，为了避免陷入局部最优解，缩小最优路径和最差路径上的信息量，需要适当抑制蚁群算法中的正反馈，在搜索过程中可以加入少量负反馈信息量，以减小局部最优解与最差解对应路径上信息素的差别，从而扩大算法的搜索范围。由于信息正反馈及信息素随时间衰减这两个因素的存在，在搜索陷入局部最优时，某组信息素相对其他路径的信息素而言在数量上占据绝对优势，因此本算法还对各路径上的信息量做最大最小的限制，即对于 $\forall \tau_{ij}(t)$，有

$$\tau_{\min} \leqslant \min_{t\to\infty} \tau_{ij}(t) = \tau_{ij} \leqslant \tau_{\max} \ (i, j \in [1, \cdots, n]) \tag{2-19}$$

仿真显示，改进后的自适应蚁群算法所获得的解明显优于基本蚁群算法，平均运行时间也少于基本蚁群算法。

2.5　蚁群优化算法的典型应用

自 Dorigo M 等首次将蚁群算法应用于经典旅行商问题以来，国内外许多学者对其进行了大量的研究工作，将其推广到诸多优化领域，并已经取得了相当丰富的研究成果。鉴于其应用领域非常广泛，本节主要对蚁群算法在优化问题求解、交通、机器人研究、电力系统、化工等领域的典型应用情况做系统的介绍。

组合优化问题求解领域是蚁群算法提出以来最成功的应用领域，蚁群算法用于求解不同的组合优化问题，一类用于静态组合优化问题，另一类用于动态组合优化问题。静态问题指一次性给出问题的特征，在解决问题过程中，问题的特征不再改变。这类问题的范例就是旅行商问题；动态问题定义为一些量的函数，这些量的值由隐含系统动态设置，因此，问题在运行时间内是变化的，而优化算法须在线适应不断变化的环境，这类问题的典型例子是网络路由问题[20,21]。

由于蚁群算法与实际交通问题的求解有着很强的直接对应特性，故将其直接用于交通过程建模、规划和优化问题求解是非常合理的。借助于蚁群算法来开发一个旨在解决复杂的交通传输问题的方法可以很好地对车辆路线规划问题进行求解，同时可依照计算效果来改进其性能。通过计算研究和统计学分析，以标准的基准问题和大范围的车辆路线规划问题为例，表明蚁群算法不仅能改进效率，而且能成为解决真实世界中的实际车辆路线规划问题的工具。另外，还可将基于信息素传递的互助蚁群搜索方法用于车辆路线规划问题求解，在此类算法中，多智能体可以将问题进行有机分割，然后通过信息素来传递独立的搜索解。这是一种

用来模拟真实蚂蚁之间通信模式的方法。通过计算机仿真试验，可以证明这种基于多智能体的互助搜索算法的有效性[22,23]。

机器人路径规划是指机器人按照某一性能指标搜索一条从起始状态到目标状态的最优或近似最优的无碰路径，它是实现机器人控制和导航的基础之一。一般可将机器人路径规划算法分为全局规划和局部规划两类。多机器人系统是一个松散结构的分布式系统，其优点在于既可以独立工作，又可以在需要时进行协作。在任务未知的环境中，确定有哪些任务需要多个机器人协作完成是一个重要而艰巨的问题。近年来，蚁群算法在机器人路径规划、多机器人协作、机器人控制等方面均取得了丰富的研究成果[24-26]。

电力系统是一个国家经济发展的命脉，而配电网是电力系统的重要组成部分，其投资及运行费用在整个电力系统费用中所占的比例十分可观。好的配电网规划方案可为电力公司节约大量的资金，而配电网网络结构的规划是一个离散的、非线性的多约束组合优化问题，长期以来，各国学者对这一问题做了大量的研究，提出了多种算法。机组最优投入问题(Unit Commitment，UC)是寻求一个周期内各个负荷水平下机组的最优组合方式及开停机计划，使运行费用最小。它是一个高维数、非凸的、离散的非线性组合优化问题，很难找出理论上的最优解，但由于能带来显著的经济效益，因此也是电力系统行业中的一个热点研究内容。近年来，用仿生优化算法解决电力系统的各种优化问题一直是一个非常活跃的研究方向，蚁群算法在电力系统领域也得到了很好的应用[27-29]。

在许多领域中，每一种新算法的诞生都会带动新一轮研究热潮的掀起，并极大地推动着这个领域许多学科的发展，化学工业领域也不例外。自从丁亚平等首次将蚁群算法应用到化学计量学科的光谱解析之后，Shelokar P S、贺益军等在用蚁群算法求解化工领域的多种优化问题方面进行了许多研究工作。在该领域内，化工动力学参数估计是常见的优化问题，形式看似简单，其误差影响曲面往往相当复杂，具有很多的局部极值，常规优化算法易于陷入局部极值区，而准确地估计相关的反应动力学参数，对超临界水氧化技术的机理解释和产业优化尤为重要，一种杂交蚁群系统(Hybrid ant Colony System，HACS)算法应用于2—氯苯酚在超临界水中氧化反应动力学参数估计问题[4]，结果表明具有较强全局优化能力的HACS可有效地解决这一瓶颈问题。

此外，蚁群优化算法在故障诊断[30]、控制参数优化[31]、系统辨识[32]、聚类分析[33]、数据挖掘[34]、图像处理[35]、航迹规划[36]、空战决策[37]、生命科学[38]、布局优化[39]等领域里也得到了广泛的应用，并且在这些领域里取得了较好的结果。可以看出蚁群算法在智能优化应用领域具有极强的适应性和生命力，已经显示出极为广阔的发展前景。

2.6　本章小结

本章给出了蚁群优化算法的基本信息，如蚁群物理觅食过程、蚁群算法机制原理以及算法特点等。总结了传统蚁群优化算法以及各种改进蚁群优化算法的数学模型，并给出了算法实现流程。最后指出了蚁群优化算法的典型应用。本章的基础知识介绍为后续应用篇中利用蚁群优化算法进行无线网络传感器节点唤醒控制做好了准备。

参考文献

[1] Deneubourg J L, Goss S, Pasteels J M. The self-organization exploratory pattern of the argentine ant. Journal of Insect Behavior, 1990, 3（2）: 159-168.

[2] 雷秀娟. 群智能优化算法及其应用. 北京: 科学出版社, 2012.

[3] Gambardella L M, Dorigo M. Solving symmetric and asymmetric TSPs by ant colonies. Proceeding of the IEEE International Conference on Evolutionary Computation, 1996: 622-627.

[4] 段海滨. 蚁群算法原理及其应用. 北京: 科学出版社, 2005.

[5] Katja V, Ann N. Colonies of learning automata. IEEE Transaction on Systems, Man, and Cybernetics-Part B, 2002, 32（6）: 772-780.

[6] Dorigo M, Gambardella L M. Ant colony system: a cooperative learning approach to the traveling salesman problem. IEEE Transaction on Evolutionary Computation, 1997, 1（1）: 53-66.

[7] 张勇德，黄莎白. 多目标优化问题的蚁群算法研究. 控制与决策, 2005, 20（2）: 170-173, 176.

[8] Eckart Z, Kalyanmoy D, Lothar T. Comparison of multi-objective evolutionary algorithms: empirical results. Evolutionary Computation, 2000, 8（2）: 173-195.

[9] Bilchev G A, Parmee I C. The ant colony metaphor for searching continuous spaces. Lecture Notes in Computer Science, 1995, 993: 25-39.

[10] Wang L, Wu Q D. Ant system algorithm for optimization in continuous space. Proceedings of the 2001 IEEE International Conference in Control Applications, 2001: 395-400.

[11] Wang L, Wu Q D. Performance evaluation of ant system optimization processes. Proceedings of the 4th world Congress on Intelligent Control and Automation, 2002, 3: 2546-2550.

[12] 汪镭，吴启迪. 蚁群算法在连续空间寻优问题求解中的应用. 控制与决策, 2003, 18（1）: 45-48, 57.

[13] Colorni A, Dorigo M, Maniezzo V. Distributed optimization by ant colonies. Proceedings of the 1st European Conference on Artificial Life, 1991, 134-142.

[14] Dorigo M, Manniezzo V, Colorni A. Ant system: optimization by a colony of cooperating agents. IEEE Transactions on Systems, Man, and Cybernetics-Part B, 1996, 26(1): 29-41.

[15] Dorigo M, Gambardella L M. Ant colony system: a cooperative learning approach to the traveling salesman problem. IEEE Transactions on Evolutionary Computation, 1997, 1(1): 53-56.

[16] Dorigo M, Caro G D, Gambardella L M. Ant algorithms for discrete optimization. Artificial Life, 1999, 5(2): 137-172.

[17] 段海滨, 王道波, 朱家强, 等. 蚁群算法理论及应用研究的进展. 控制与决策, 2004, 19(12): 1321-1326, 1340.

[18] 吴启迪, 汪镭. 智能蚁群算法及应用. 上海: 上海科技教育出版社, 2004.

[19] 王颖, 谢剑英. 一种自适应蚁群算法及其仿真研究. 系统仿真学报, 2002, 14(1): 69-72.

[20] 耶刚强. 群体智能及在无线传感器网络中的应用. 西安: 西北工业大学硕士论文, 2007.

[21] 王睿. 面向目标感知的无线传感器网络自组织技术. 西安: 西北工业大学博士论文, 2007.

[22] Reimann M, Doerner K, Richard F H. D-Ants: savings based ants divide and conquer the vehicle routing problem. Computers and Operations Research, 2004, 31(4): 563-591.

[23] Bell J E, McMullen P R. Ant colony optimization techniques fou the vehicle routing problem. Advanced Engineering Informatics, 2004, 18(1): 41-48.

[24] Michael J B K, Jean-Bernard B, Laurent K. Ant-like task and recruitment in cooperative robots. Nature, 2000, 406(31): 992-995.

[25] Mucients M, Casillas J. Obtaining a fuzzy controller with high interpretability in mobile robots navigation. Proceeding of the 2004 IEEE International Conference on Fuzzy Systems, 2004, 3: 1637-1642.

[26] 樊晓平, 罗熊, 易晟, 等. 复杂环境下基于蚁群优化算法的机器人路径规划. 控制与决策, 2004, 19(2): 166-170.

[27] Gomez J F, Khodr H M, De Oliveira P M, Ant colony system algorithm for the planning of primary distribution circuits. IEEE Transaction on Power Systems, 2004, 19(2): 996-1004.

[28] Ippolito M G, Sanseverino E R, Vuinovich F. Multi-objective ant colony search algorithm optimal electrical distribution system planning. Proceeding of the 2004 Congress on Evolutionary Computation, 2004, 2: 1924-1931.

[29] 崔海保, 程浩忠, 吕干云, 等. 多阶段输电网络最优规划的并行蚁群算法. 电力系统自动化, 2004, 28(20): 37-42.

[30] Chang C S, Tian L, Wen F S. A new approach to fault section estimation in power systems using ant system. Electric Power System Research, 1999, 49(1): 63-70.

[31] Varol H A, Bingul a. A new PID tuning technique using ant algorithm. Proceeding of the 2004 American Control Conference, 2004, 3: 2154-2159.

[32] Duan H B, Wang D B, Zhu J Q. A novel method based on ant colony optimization algorithm for solving ill-conditioned linear systems of equations. Journal of System Engineering and Electronic, 2005, 16(3): 606-610.

[33] Schockaert S, Cock M D, Cornelis C. Fuzzy ant based clustering. Processing of the 4th International Workshop on Ant Colony Optimization and Swarm Intelligence, 2004, 3172: 342-349.

[34] Tsai C F, Tsai C W, Wu H C. ACODF: a novel data clustering approach for data mining in large databases. Journal of Systems and Software, 2004, 73(1): 133-145.

[35] Zheng H, Zheng Z B, Xiang Y. The application of ant colony system to image texture classification. Proceeding of the 2003 International Conference on Machine Learning and Cybernetics, 2003, 3: 1491-1495.

[36] 王和平, 柳长安, 李为吉. 基于蚁群算法的无人机任务规划. 西北工业大学学报, 2005, 23(1): 98-101.

[37] Luo D L, Duan H B. Research on air combat decision-making for cooperative multiple target attack using heuristic ant colony algorithm. Chinese Journal of Astronautics, 2006, 27(6): 1166-1170.

[38] Chu D, Till M, Zomaya A. Parallel ant colony optimization for 3D protein structure prediction using the HP lattice model. Proceeding of the 19th IEEE International Parallel and Distributed Processing Symposium, 2005: 1-7.

[39] 霍军周, 李广强, 腾弘飞, 等. 人机结合蚁群/遗传算法及其在卫星舱布局设计中的应用. 机械工程学报, 2005, 41(3): 112-116.

第3章　传染病动力学模型及疫情优化控制算法

3.1　引　　言

传染病的暴发和传播过程是一个由病因、宿主和环境构成的典型的复杂系统，不仅与病因和宿主之间的相互作用机制有关，还与宿主的社会关系和日常行为方式密切相关，与环境(如地理、生态、气候等)密切相关，甚至还与社会、政治、经济、政策、法规、组织等有关。诚然，我们可以从医学上对传染病病毒或者细菌深入到细胞、分子、甚至基因等微观层次上去了解，研制相应的治疗药物或者疫苗等，但是这样做还不够。首先，疫苗研制周期长，费用大；其次，新的病毒不断出现，且已有病毒不断出现变异，导致已有疫苗失效；再次，对人群大规模接种疫苗意味着高昂的费用；最后，一旦疫情暴发，我们对其传播规律缺乏认识，就无法及时有效的制定相应的防控措施。这就说明，单单从病因、病理等医学角度出发去控制传染病的传播，是不明智的、风险极高的策略，必须依靠多学科的交叉和融合，才能更科学有效地解决这个问题。而作为对传染病传播进行理论性定量研究的一种重要方法，传染病动力学建模一直受到流行病学家的极大关注。

传染病动力学建模就是采用数学建模和计算机仿真的方法，研究病原体与社会系统的相互作用引发的疫情态势变化[1]。传染病动力学建模是重大疫情传播潜势预测、大规模防控资源调配和储备、综合防控措施有效性评价和优化、重大传染病经济损失评价等的基础，建模结果能否再现真实情况是攸关传染病防控成败的重大问题。在疫情暴发初期，由于不清楚疫情后续发展，公共卫生部门在应急处置过程中面临许多困难甚至盲点，更多依赖于已有经验甚至常识。这一公共卫生现实需求与科技支撑之间的巨大缺口催生了传染病动力学建模研究的兴起，尤其是近年来计算流行病学发展迅速，在传染病态势预测中显示出良好的研究价值与应用前景。从国内外研究历史和现状来看，传染病动力学建模方法主要有以下四种：经典仓室模型(Compartment Model)、多种群模型(Metapopulation Model)、基于 Agent 个体的模型(Agent-based Model)和网络模型(Network Model)。

3.2　经典仓室传染病模型

在传染病动力学中，长期以来主要使用的数学模型是所谓的"仓室"(Compartment)模型，它的基本思想由 Kermack 与 McKendrick 于 1927 年创立[2]，至今仍然被广泛使用和不断发展。在仓室模型中，作为研究对象的人群被划分入几个不同的仓室并对每个仓室的属性和各仓室之间随时间的转换率做出了假定。根据个体感染疾病康复后是否获得对该疾病的免疫能力的不同，仓室模型的结构也不相同。下面以他们所提出的三个经典的基本模型为例，来阐述建立仓室模型的基本思想和有关的基本概念，并给出由模型所能得到的主要结论。

3.2.1　SIS 模型

根据疾病的传播机理，将类似于感冒病毒传播的可多次感染，可治愈但不能免疫的传播归纳为 SIS 类传播[3]，如脑炎、淋病等，其传播机理如图 3.1 所示。

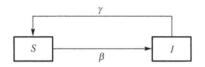

图 3.1　经典 SIS 类传染病传播机理图

其中，S 代表易感者(Susceptible)；I 代表感染者(Infected)。S 个体与 I 个体接触后会以一定概率 β 转化为被感染个体，被治愈后又以概率 γ 转化为 S 个体。假设网络中个体总数不发生变化，即 $S(t)+I(t)=1$。

根据实际情况，传染病都是通过接触传播的，单位时间内一个健康人与一个患者接触的次数称为接触率，它和网络中个体数 N 有着密切关系，记为 $C(N)$。健康个体与患者每次接触患病的概率记为 β，称之为传染概率，我们把传染概率 β 的接触率称为有效接触率，即 $\beta C(N)$，它可以反映健康个体的抗病能力，环境条件等实际因素。易感者 S 的人口比例为 S/N，所以，易感者的平均传染率为 $\beta C(N)S/N$，由以上可得在 t 时刻由易感者转化为感染者的数量为 $\beta C(N)I(t)S/N$。如果假设接触率与网络内个体总数成线性关系，即 $C(N)=kN$，因此得出传染率 $\beta C(N)I(t)S/N=\beta S(t)I(t)$。综上得出经典 SIS 模型为

$$
\begin{cases}
\dfrac{\mathrm{d}S}{\mathrm{d}t} = -\beta IS + \gamma I \\[2mm]
\dfrac{\mathrm{d}I}{\mathrm{d}t} = \beta IS - \gamma I
\end{cases}
\tag{3-1}
$$

通过对公式(3-1)进行稳定性分析，当满足 $\beta/\gamma < 1$ 时，系统渐进稳定于无病平衡点，即疾病最终能消失；当满足 $\beta/\gamma > 1$ 时，系统最终收敛到地方病平衡点，即疾病不会消失，最终患病者比例稳定在 $1-\gamma/\beta$。可以看出 $\beta/\gamma=1$ 是系统区分疾病是否最终消失的阈值，通常这个区分的具体形式被设为 R_0—基本再生数[4]，因为 R_0 并不都是以数值形式出现的，通常也被称为阈值条件。

3.2.2　SIR 模型

SIR 传染病数学模型是最基本的传染病模型[5,6]，也是最常用和讨论最多的模型。这种 SIR 模型针对某种治愈后可获得免疫力的疾病，例如，流感、麻疹、水痘，其传播机理如图 3.2 所示。

图 3.2　经典 SIR 类传染病传播机理图

其中，S, I, R 分别代表易感者(Susceptible)、感染者(Infected)和恢复者(Recovered)。假设网络人群规模保持不变，即 $S(t)+I(t)+R(t)=1$。该模型中，S 个体与 I 个体接触后会以一定概率 β 转化为被感染个体 I，治愈后以概率 γ 进入免疫状态。此仓室 SIR 模型仍然是基于双线性感染率的传染病模型，具体可用如下的微分方程描述

$$\begin{cases} \dfrac{dS}{dt} = -\beta IS \\[2mm] \dfrac{dI}{dt} = \beta IS - \gamma I \\[2mm] \dfrac{dR}{dt} = \gamma I \end{cases} \tag{3-2}$$

同 SIS 模型相同，β 是感染者在单位时间内的有效接触率，指由于接触而被感染的概率；γ 是感染者的恢复率，表示单位时间内恢复的人数在传染期患者中的比例，$1/\gamma$ 即为平均传染期时长。分析上述微分方程，若 $S < \gamma/\beta$，则 $\dfrac{dI}{dt} < 0$，疾病将自然消亡。定义基本再生数 R_0 为在完全易感人群中一个病例在整个传染期平均感染的人数，则 $R_0 = \beta/\gamma$，即 $S(0) < \gamma/\beta = 1/R_0$，因为初始人群均为易感人群（即 $S(0)=1$），故疾病的流行条件为 $R_0 > 1$。由公式(3-2)得 $dS/dR = -\beta S/\gamma = -R_0 S$，则 $S(t) = S(0)e^{-R(t)R_0}$。假定 $R(0)=0$，由于移除个体数随着疾病传播时间的推移增加，故易感人数相应减少，同时注意到 $e^{-RR_0} > 0$，故 $S(t) > 0$，即人群中总有部分易感者会逃脱传染病的感染。

3.2.3　SIRS 模型

SIRS 类传染病[7-9]针对一些可以丧失免疫力的传染病，常见的如腮腺炎、水痘等传染病，其传播机理如图 3.3 所示。

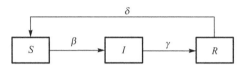

图 3.3　经典 SIRS 类传染病传播机理图

在经典 SIR 模型的基础上，免疫者会有概率 δ 丧失免疫率重新进入易感者行列。与 SIR 模型不同，SIRS 类病毒的能量流动形成了闭环，所以不能简单地看出 $S(t)$ 的全局收敛性，这样给后续分析带来了一定的困难，那么借助传播机理图建立经典的仓室 SIRS 模型如下：

$$\begin{cases} \dfrac{\mathrm{d}S}{\mathrm{d}t} = -\beta IS + \delta R \\[2mm] \dfrac{\mathrm{d}I}{\mathrm{d}t} = \beta IS - \gamma I \\[2mm] \dfrac{\mathrm{d}R}{\mathrm{d}t} = \gamma I - \delta R \end{cases} \tag{3-3}$$

同 SIR 模型类似，该模型假设人群规模固定，即 $S(t) + I(t) + R(t) = 1$。经过系统稳定性分析，对于经典的基于双线性感染率的 SIRS 类传染病，不管初始感染者爆发的数量有多少，最终都会消失。

上述三类模型均不考虑出生和自然死亡等种群动力学因素，适宜于描述病程较短、在疾病流行期间种群的出生和自然死亡可以忽略不计的一些疾病。以上述三类模型为基础，后继的研究者们又提出了很多更复杂的仓室模型，如考虑潜伏期的 SEIR 和 SEIS 模型等[10]，以及考虑人口的出生和自然死亡等变化的 SIR 无垂直传染模型、SIS 有垂直感染且有输入输出模型、MSEIR 模型等。

仓室模型的主要思想就是将人群划分为若干个类（仓室），分别代表处于不同疾病状态的人群，然后采用数学手段建立这些变量的动力学方程，进而研究疾病的传播动力学过程。这种建模方法在过去相当长时期内，一直占据主流地位，在传染病的理论研究，包括传染病流行规律建模[11-13]和预防控制策略研究[14,15]方面做出了重要贡献。但是这种模型的一个主要缺陷是其均匀（完全）混合假设，即假设处于同一仓室中的个体之间是完全接触的，它们被任何一个感染者感染的概率都是相同的。这对于单个的小规模人群来说或许可行，而如果人群规模较大，内部的空间和社会关系结构往往比较复杂,且人与人的接触具有明显的个体倾向性,比如家人、同事和朋友之间,或者医生与患者之间的接触频率明显高于其他人,则这一假设就会失效。在 2003 年的 SARS 传播中发现,相当一部分的感染发生在医院,一个感染者就可以感染一大群人,即所谓的"超级传播者"现象,这与自由环境中的传播过程具有明显不同[12,16]。但传统的仓室数学模型要将这些社会和空间关系结构以及个体行为因素考虑进去存在极大的困难[17]。

3.3　多种群传染病模型

多种群模型,也称为分区模型(Patch Model),是对仓室模型的一个拓展。这种模型思想最初来自于生物生态学领域,特别适合于研究在空间上具有明显分区特征的种群的演化过程,因为它可以方便的模拟个体在种群之间的迁徙行为[18]。随后,这一模型思想很快被引入到人类流行病的动力学建模研究中[19]。因为现实世界中的人群往往是分片分层次存在的,而不是一个完全混合在一起的单个群体,比如一个国家或地区的人群总是可以划分为城市,城市内部还可以进一步再划分为社区等。因此,多种群模型的主要思想就是将人群划分为若干个子人群(种群),每个子种群有其独立的动态过程。通常假定在一个子种群内个体是均匀混合的,即在种群内部可以采用 SIR 或者 SIS 等仓室模型模拟内部的传染病传播过程。每个子种群以一定的方式同其他子种群相耦合,该耦合项可用于表示疾病在两个种群之间的传播途径。集合种群模型的空间尺度取决于所要研究的问题。

Levins 最早提出集合种群概念用以解决大范围病虫害防治、类群选择和种间竞争等问题[20,21]。20 世纪 60 年代之后,一些学者逐渐认识到,流行病学与空间生态学在某种程度上关注的都是种群在一系列生境斑块中的续存问题,空间生态学所提出的集合种群续存所需的最少适宜生境量的概念在流行病学中恰恰被用于确定扑灭疾病传播所需免疫的宿主群体的比例[22]。经典集合种群理论指出,生境斑块在局域种群灭绝后可被再侵占,这在流行病学中并不完全适用[18]。病原体感染宿主后,可按照宿主是否具有获得性免疫分为两种:对于不能引发获得性免疫的病原体,每个宿主个体就是一个生境斑块;对于可引发获得性免疫或导致宿主死亡的病原体,则可将某个区域的宿主群体视为一个生境斑块。人类特定的空间和社会结构(如家庭、乡镇、城市)为病原体提供了极适宜的生境斑块资源[23]。

用于描述集合种群模型系统的变量数目是描述单个均匀混合子种群模型系统的变量数目的 n 倍,其中, n 是子种群的个数。随着子种群数目的增长,模型的维数将急剧增加并在子种群数目达到一定数量之后,模型的维度将趋向于模型中所包含的个体数目。因此，网络模型可以视为集合种群模型的极限形式。在采用集合种群模型建模时，需要进行合适的子种群划分。

集合种群模型尤其适合处理分层结构化人群中的相关问题。例如，可以对某个区域进行建模，该区域可能包含一个大的人口中心(城市)，并附带一些小的卫星城，再外围是农村区域。这样一个模型是许多真实情景的合理描述，应用十分广泛，尤其是在地理学研究文献中。在应用于疫情扩散建模时，可以对前面讨论的 SIR 模型进行修改，得到如下的一般形式

$$
\begin{cases}
\dfrac{\mathrm{d}X_i}{\mathrm{d}t} = v_i N_i - \beta_i X_i - \mu_i X_i \\[2mm]
\dfrac{\mathrm{d}Y_i}{\mathrm{d}t} = \beta_i X_i - \gamma_i Y_i - \mu_i Y_i
\end{cases}
\tag{3-4}
$$

式中，X_i, Y_i 分别是第 i 个子种群中的易感性个体和传染性个体的数量，N_i 是第 i 个子种群的总个体数，v_i, μ_i 是该子种群中的自然出生率和死亡率，$1/\gamma_i$ 是该子种群中的平均传染期长度，公式(3-4)中的 β_i 同前面 SIR 模型有较大不同，在前述模型中，β_i 是仓室模型中的感染率，而此处的 β_i 既包含了子种群 i 中的传染性个体的数量也包含了与子种群 i 相耦合的其他子种群中的传染性个体的数量。注意到在该一般形式中，人口统计学的相关参数都可以随子种群不同而不同，反映了区域环境因素的作用。

根据种群结构的不同，这类模型可以表现出多种形式，如 Colliza 等[24]提出的单一层次的多种群模型，而 Watts 等[25]提出了一种嵌套(多层次)模型，即种群内部还可以再划分子种群等。通过控制种群大小及其分布，多种群模型可以在一定程度上克服仓室模型完全混合假设的缺陷。但是这类模型仍然是一类宏观的较为粗糙的模型，不能描述对传染病传播具有重要影响的复杂的个体行为模式，例如，个体在空间的移动规律和对疾病的响应行为等。

3.4　网络传染病模型

传染病在人群中的传播不仅取决于病原体本身，还受到人群社会网络结构的影响。人群的社会网络在很大程度上决定了传染病由一个个体传播到另一个个体的可能性。因此，基于网络的传染病模型是近年来研究的相对较多的一类模型，其主要建模思想是将人群中的个体视为网络中的节点，个体之间的接触关系用网络中节点间的边来描述。这样，接触网络的结构就描述了该人群内部的群体结构。更复杂的，还可以允许网络结构随时间进行演化，以描述个体之间动态的接触过程。通过定义网络节点的动力学行为过程(即宿主对病因的响应方式)，传染病就

可以通过这种接触过程在网络中传播开来。可见，网络模型也可以被视为一种特殊的个体模拟模型，同时又弥补了个体模拟模型的不足之处，因此自其问世以来受到研究者们的极大关注。

这种建模方法的主要难点在于构造人群所对应的接触网络。最理想的就是直接根据实际的人与人之间的接触信息来构造所谓"真实的"网络[26]，但这种方法可能只对极小的人群才可行，对于较大的人群，数据采集的难度将急速增大，使得建立这样真实网络的想法在目前来说不可行。因此，研究者退而求其次，根据一些人口统计学数据，如年龄分布、职业分布等采用计算机生成具有某些社会网络特征的网络模型[27-29]。但是这第二类方法构造出来的网络一般都是静态的，而且依赖于实际的研究对象，而实际的人群结构往往是随时间演化的，因此，我们无法知道网络结构的演化对于传染病传播的具体影响。

于是，研究者又想出了第三种方法，即直接通过计算机生成我们所需要的具有某些拓扑结构特征的理想网络，研究这些网络的结构特征对传染病传播的影响。首先被研究的是在随机网络上的传播过程，这类网络上的传播过程一般是可以精确求解的。例如，对于 ER 随机网络[30]，其 SIR 传播过程与一个均匀混合的人群中的 SIR 仓室模型的传播过程是类似的；另外，随机网络上的传播过程还可以等效为渗流过程[31]。第二种被重点研究的是小世界网络[32]上的传播过程。小世界网络具有高的聚类系数和短的平均路径长度的特征，这同时也是许多实际网络的共性特征，因此研究这种网络上的传播过程具有较大的理论和现实意义。研究发现，在小世界网络中，一方面，由于其具有高聚类系数的特征，意味着大部分的传播都局限在较小范围内，但另一方面，长程连接的存在将显著增加全局传播的风险[33,34]。无标度网络[35]是第三种被广泛研究的网络模型，该网络的尺度服从幂律分布，可以刻画网络中节点连接的异质性，而这种特性是许多真实网络的又一个普遍特征[36,37]。这种网络上传染病传播的典型特征就是随着网络尺度的无限增大，传播临界值（Epidemic Threshold）趋于零，这意味着即使是很小的传染源也足以在庞大的网络中蔓延开来。进一步的研究发现，无标度网络的这种性质只对随机无标度网络（也称为非结构化网络，即网络节点间不存在相关性）才成立，对于结构化的无标度网络，其传播临界值为非零有限值[38]。除了随机网络、小世界网络和无标度网络之外，还有一些研究是针对较为复杂的网络，比如具有层次结构的网络[39]、具有社区结构的网络[40]和具有家庭结构的网络[41]等。

最后，我们也需要注意到，每一种模型方法都有其自身的优势和缺陷。离开了实际应用的前提，我们并不能简单地说复杂的模型就一定比简单的好，简单的模型往往包含较少的模型参数，这就体现出其自身的优势，而越是复杂的模型往往包含越多的模型参数，这就增加了确定这些参数的难度以及由此带来的模型不确定性。因此，如果从纯理论研究的角度，我们可以采用某一种建模方法针对某些特定场景的传染病传播过程深入研究下去，但是从实际应用的角度，就有必要将上述几种建模方法进行优势互补。例如，Colliza 等[42]将多种群模型和网络模型结合起来，提出了一种多种群网络的模型框架。Hufnagel 等[43]将仓室模型与实际的民航网络结合起来，研究 SARS 的全球传播过程。这种将各种方法优势互补的思路也是相关研究工作中的一个重要指导思想。

3.5　基于 Agent 个体的传染病模型

基于 Agent 个体的传染病模型是一种微观模拟模型，主要包括各种基于元胞自动机或者自主体理论建立起来的模型[44,45]。这种建模思想将人群中的个体视为由一组有限的状态和行为规则集合组成的元胞或者自主体，一般是通过定义个体对病因(病毒或者细菌)的响应行为、个体在空间的移动行为以及个体之间的相互作用行为(接触)等规则，来模拟由病因、宿主和环境构成的一个复杂的传染病系统的演化行为。受益于计算理论及计算能力的提高，基于 Agent 模型在过去十年间得到了极大地发展，已经在社会学、生态学、地理系统、计算流行病学等多个学科领域得到了广泛应用。Wooldridge 和 Jennings 描述了个体所需具有的特性[46]：自治性、交互性、反应性和主动性。在实际建模中，Agent 的某些特性可能比其他特性更为重要，并且同一模型中常常包含多个不同的 Agent 类型。Agent 可能是任何自治性实体的代表，如人、建筑物、汽车、地块、水滴或昆虫等。

任何一个有生命的或无生命的 Agent 都拥有一些可以影响其行为以及同其他 Agent 关系的规则。这些规则常常来自于已经发表的文献、专业知识、数据分析或者数值工作，是 Agent 行为的基础。一个规则集可适用于所有的 Agent，每一个 Agent 也可以有不同的规则集。典型的规则是"If-Then"类型的声明语句，一旦特定的条件得到满足，Agent 将作出相应的行为。通过使用面向对象的编程语言，很容易建立一个基于 Agent 模型。常用的面向对象语言包括 Java 和 C++。尽管自底向上的编程使得建模者可以完全控制基于 Agent 模型的每一个方面，然而这可能耗费大量的时间，除非建模者是一个有经验的程序员。在不存在 GUI、数据导入等工具的情况下，模型实现可能是极其耗时的。

相比传统的建模方法，基于 Agent 模型具有三大主要优势：①可以有效地捕获和解释涌现现象；②为所研究的特定系统提供了一种自然的接近实际的模拟环境；③非常灵活。作为一种自底向上的建模方法，基于 Agent 模型可以很好地描述复杂系统各组成部分之间的相互交互关系，使得在建模时可以直接将系统动力学结合进模型框架中。在很多情况下，基于 Agent 模型是一种非常自然地描述和模拟真实世界实体所构成的系统的方法，尤其是在使用面向对象的准则时，相比较其他建模方法，基于 Agent 模型更逼近真实情况。

然而，正是对个体行为及个体间交互因素的考虑，导致建模过程中给大量的参数引入了不确定性，使得结果的可信度一直是争论的焦点。为此，Grimm 等[47]专门制定了一个协议以更好地描述基于个体的模型，使结果更容易得到广泛认同。此外，个体运动的不确定性及行为的随机性可能导致个体的分布背离真实人群的空间和社会结构。因此，很多研究人员[48,49]在建模时，使用社会接触网络约束个体的社会活动和空间分布，取得了很好的效果。基于此方法，美国洛斯阿拉莫斯国家实验室在 TRANSIMS 基础上开发了 EpiSimS 仿真工具，适于模拟疾病在百万人口级城市中的传播动态。EpiSimS 依据真实的人口统计学数据生成虚拟城市，进而模拟疾病在城市中的传播动态。利用 EpiSimS，Eubank 等[50]对恐怖分子使用天花袭击波特兰后疫情的传播情况进行了研究。

3.6　传染病疫情优化控制

传染病疫情优化控制是指在疫情发展动力学和医治水平约束下，寻找最佳隔离、防护、洗消等控制措施，使传染病疫情本身的损失和疫情控制成本的总代价最小[51]。文献[52]建立了传染病疫苗分配的优化模型，基于流行病调查数据获取模型参数，应用该模型实现了传染病疫苗优化分配方案。文献[53]提出了一个 Kermack-Mckendrick 积分模型，实现了通过比较的方法优化对人群的隔离措施。学者 Clarks 等全面论述了疫情发展与经济代价的关系，提出了隔离措施对经济和疫情的影响，但综合考虑各种控制措施对传染病疫情优化控制动力学模型却未见公开报道[54]。文献[55]等基于自然控制论，建立了传染病疫情优化控制模型，提出了模型参数化方案及其基于伴随原理的模型快速求解方法。文献[56]提出了一种基于 SEIV 传染病模型的函数优化方法。在该算法中，假设某个生态系统由若干个人和动物个体组成，每个人和动物个体均由若干个特征来表征。该生态系统存在一种在人与动物之间传染的传染病，其传染规律为动物传给人或动物传给动物，这种传染病攻击的是个体的部分特征。每个染病个体均经历易感、暴露、接种或发病等阶段。个体的体质强弱是通过该个体的某些特征的暴露、某些特征的接种、某些特征的发病与某些特征的易感等情况综合决定的。依据 SEIV 传染病模型的疾病传播规律构造出了相关演化算子，使得体质强壮的个体能继续生长，而体质虚弱的个体则停止生长，从而确保该算法具有全局收敛性。

3.6.1　疫情控制模型问题提出

传染病模型可以模拟疫情发展状况，这只是个正问题的方法；要根据我们的需要对传染病疫情进行控制，找出最优方案，则是一个反问题。因此，在传染病疫情预测模拟的基础上，还要提出控制模型。从最优控制论的角度，传染病疫情控制模型可用简洁的形式统一表述如下

$$\min J(\boldsymbol{X}, \boldsymbol{\Psi}, \cdots)$$
$$\text{s.t. } \frac{\partial \boldsymbol{X}}{\partial t} + F(\boldsymbol{X}, \boldsymbol{\Psi}, \cdots) = C(\boldsymbol{\Psi}, \cdots) \tag{3-5}$$

式中，$\boldsymbol{X} = [x_1, x_2, \cdots]^{\mathrm{T}}$ 为状态变量（如潜伏期者比例、发病者比例等）；$\boldsymbol{\Psi} = [\psi_1, \psi_2, \cdots]^{\mathrm{T}}$ 为控制变量（如隔离、防护、洗消等）。它们满足状态方程和约束条件。J 为目标函数，是控制变量和状态变量的泛函，可以定义为控制过程的总代价，包括疫情预防代价、发病者治疗成本、死亡者社会成本等。C 代表了隔离、防护、洗消等控制措施对疫情发展进程的影响。状态变量是时间与空间的函数，因而状态方程是偏微分方程（组）。如果在空间上将疫区分为若干个独立的小区，在每个小区不考虑疫情随空间的变化，则公式（3-5）可以表示为常微分方程组形式

$$\min J(\boldsymbol{X}, \boldsymbol{\Psi}, \cdots)$$
$$\text{s.t. } \frac{\mathrm{d}\boldsymbol{X}}{\mathrm{d}t} + F(\boldsymbol{X}, \boldsymbol{\Psi}, \cdots) = C(\boldsymbol{\Psi}, \cdots) \tag{3-6}$$

上述问题的含义为：在状态方程的约束下，求解一组控制变量。取 $\boldsymbol{\Psi}^{\mathrm{opt}} = [\psi_1^{\mathrm{opt}}, \psi_2^{\mathrm{opt}}, \cdots]^{\mathrm{T}}$，使得目标函数 J 取得最小值（经济总代价最小），即目标函数最优化。

根据传染病的特征，通常要经历易感者→潜伏期者→发病者→移出者（包括治愈者或死亡者）这几个阶段。可以认为，移出者不被感染也不感染其他人，因此，需要控制的人群包括易感者、潜伏期者和发病者，于是状态函数的表达式可以表示为

$$\frac{\mathrm{d}S}{\mathrm{d}t} = f_1(\boldsymbol{\Psi}, S, E, I, \cdots)$$
$$\frac{\mathrm{d}E}{\mathrm{d}t} = f_2(\boldsymbol{\Psi}, S, E, I, \cdots)$$
$$\frac{\mathrm{d}I}{\mathrm{d}t} = f_3(E, I, \cdots) \tag{3-7}$$
$$\frac{\mathrm{d}R}{\mathrm{d}t} = f_4(I, R, \cdots)$$

式中，S 表示易感者比例；E 表示潜伏期者比例；I 表示发病者比例；R 表示移出者比例。传染病疫情控制总代价可分为疫情预防措施代价、发病者医治成本和死亡者代价三部分，表达为 $A_C(I,E,N_I,N_E,D,P,\cdots)$、$B_C(H_c,M,\cdots)$ 和 $D_C(h_S,M,\cdots)$，其中，I 为发病者；E 为潜伏期者；N_I 为与发病者亲密接触的人；N_E 为与潜伏期者亲密接触的人；D 表示洗消成本；P 表示防护成本；H_c 为发病者治疗费用；M 为发病者总人数，h_S 为死亡者社会代价，则疫情控制的目标函数可表达为

$$J = A_C(I,E,N_I,N_E,D,P,\cdots) + B_C(H_c,M,\cdots) + D_C(h_S,M,\cdots) \tag{3-8}$$

控制目标为

$$\min J = \min[A_C(I,E,N_I,N_E,D,P,\cdots) + B_C(H_c,M,\cdots) + D_C(h_S,M,\cdots)] \tag{3-9}$$

潜伏期者、发病者与隔离率、洗消措施和防护措施随时间的关系由疫情发展的状态函数确定，而初始条件和传染病参数由疫情监测确定，状态方程的部分参数由疫情实际统计数据反演获得。

3.6.2 传染病疫情优化控制模型

传染病防控代价可分为疫情预防代价(包括隔离、防护、洗消和对流动人口进行控制的代价等)、发病者医治成本和死亡者社会代价三部分。显然预防措施严格可以减小发病者医治成本和死亡者社会代价，但同时预防成本也会相应地增加。这里提到的优化控制是指采取恰当的预防措施使疫情预防代价、发病者医治成本和死亡者社会代价三者代价之和最小。为了求出定量化的疫情控制措施，须首先建立定量化的疫情控制目标函数。

(1)疫情预防代价函数为

$$\begin{aligned}
A_c(I,E,N_I,N_E,D,P,O_k) = &\sum_{i=1}^{N_1} \lambda_I N_{I,i} I_i C_{I,i} t_{I,i} + \sum_{i=1}^{N_2} \lambda_E N_{E,i} E_i C_{E,i} t_{E,i} + \sum_{i=1}^{N_3} r_{d,i} D_i S_i t_{D,i} \\
&+ \sum_{i=1}^{N_4} r_{p,i} P_i N_S t_{p,i} + \sum_{i=1}^{K} O_k
\end{aligned} \tag{3-10}$$

式中，I_i 为第 i 个区域内发病者人数；$N_{I,i}$ 为第 i 个区域内每个发病者平均亲密接触的人数，$1 \leqslant i \leqslant N_1$，$N_1$ 为大于等于 1 的正整数；$C_{I,i}$ 为发病者亲密接触的隔离代价系数；λ_I 为发病者的亲密接触者隔离率；$t_{I,i}$ 为第 i 个区域的发病者亲密接触者的隔离时间；E_i 为第 i 个区域内潜伏期者人数；$N_{E,i}$ 为第 i 个区域内每个潜伏期者平均亲密接触的人数；$1 \leqslant i \leqslant N_2$，$N_2$ 为大于等于 1 的正整数；$C_{E,i}$ 为潜伏期者亲密接触的隔离代价系数；λ_E 为潜伏期者的亲密接触者隔离率；$t_{E,i}$ 为第 i 个区域

的潜伏期者亲密接触者的隔离时间；D_i 表示第 i 个区域单位面积的洗消成本，$1 \leq i \leq N_3$，N_3 为大于等于 1 的正整数；S_i 为第 i 个区域被沾染面积；$r_{d,i}$ 为第 i 个区域被沾染面积洗消的比例；P_i 表示第 i 个区域个人防护的成本，$1 \leq i \leq N_4$，N_4 为大于等于 1 的正整数；N_S 为第 i 个区域的人数；$r_{p,i}$ 为第 i 个区域人员防护的比例；O_k 指除前面 4 种行动代价之外的应急费用，$1 \leq i \leq K$，K 为大于等于 1 的正整数，如控制流动人口付出的代价、疫苗研制、生产和使用费用。

（2）发病者医治成本函数为

$$B_C(H_c, M_I) = \sum_{i=1}^{M} M_{I,i} H_{c,i} \tag{3-11}$$

式中，$M_{I,i}$ 为到 t 时刻第 i 个区域发病者总人数，$1 \leq i \leq M$，M 为大于等于 1 的正整数；$H_{c,i}$ 为每个感染者的平均治疗费用。

（3）死亡者社会代价函数为

$$D_C(h_S, M_I) = \sum_{i=1}^{N} \eta_{S,i} [\text{int}(\Gamma_i M_{I,i})]^{\alpha_i} \tag{3-12}$$

式中，$\eta_{S,i}$ 为第 i 个区域社会代价系数，可以通过层次分析法获取，$1 \leq i \leq N$，N 为大于等于 1 的正整数；Γ_i 为第 i 个区域感染者平均死亡率；$\text{int}(\Gamma_i M_{I,i})$ 为第 i 个区域死亡人数；α_i 为第 i 个区域死亡代价指数，$\alpha_i \geq 1$。

（4）总代价函数

传染病疫情控制的目标函数 J 为

$$J = A_c(I, E, N_I, N_E, D, P, O_k) + B_C(H_c, M_I) + D_C(h_S, M_I) \tag{3-13}$$

疫情控制的目标函数 J 最小，即

$$\min J = \min[A_c(I, E, N_I, N_E, D, P, O_k) + B_C(H_c, M_I) + D_C(h_S, M_I)] \tag{3-14}$$

潜伏期者（E）、发病者（I）与隔离率（λ_I 和 λ_E）、洗消比例（r_d）和防护比例（r_p）随时间的关系由传染病疫情预测与控制模型确定。

在疫情防控实际工作中，至少需要对以上 12 个变量进行控制，即使每个控制变量取 10 组值，则控制方案总数为 10^{12}，每次求解过程需要 1s 左右，这样如果采用常规的穷举法求解最优防控方案需要 4 万多年才能完成，显然这是没有实际意义的。数据试验表明，可以采用遗传算法等进化算法，或者基于伴随原理的优化控制模型求解。

3.7　本　章　小　结

本章总结介绍了传染病动力学模型，详细阐述了经典仓室传染病模型、多种群传染病模型、网络传染病模型、基于 Agent 个体的传染病模型四类动力学模型。进而引出了基于传染病模型进行疫情优化控制的问题，给出了疫情优化控制数学模型及具体的参数意义。本章基础知识的介绍为后续应用篇中利用传染病模型进行无线传感器网络节点探测模块和通信模块联合唤醒控制做好了准备。

参 考 文 献

[1]　马知恩, 周义仓, 王稳地, 等. 传染病动力学的数学建模与研究. 北京: 科学出版社, 2004.

[2]　Kermack W O, McKendrick A G. Contributions to the mathematical theory of epidemics. Proceedings of the Royal Society A, 1927, 115A: 700-721.

[3]　Kermack W O, McKendrick A G. Contributions to the mathematical theory of epidemics-1*. Bulletin of Mathematical Biology, 1991, 53(1-2): 33-55.

[4]　Heesterbeek J. A brief history of R0 and a recipe for its calculation. Acta Biotheoretica, 2002, 50(3): 189-204.

[5]　Hethcote H W. The mathematics of infectious diseases. Siam Review, 2000, 42(4): 599-653.

[6]　Kyrychko Y N, Blyuss K B. Global properties of a delayed SIR model with temporary immunity and nonlinear incidence rate. Nonlinear Analysis Real World Applications, 2005, 6(3): 495-507.

[7]　Ruan S G, Wang W D. Dynamical behavior of an epidemic model with a nonlinear incidence rate. Differential Equations, 2008, 188(1): 135-163.

[8]　Mukherjee D. Uniform persistence in a generalized preypredator system with parasitic infection. Bio Systems, 1998, 47(3): 149.

[9]　Cappasso V. Mathematical structures of epidemic systems. Heidelberg: Springer, 1993.

[10]　Hethcote H W. The mathematics of infectious diseases. Siam Review, 2000, 42(4): 599-653.

[11]　Keeling M J, Grenfell B T. Disease extinction and community size: modeling the persistence of measles. Science, 1997, 275(5296): 65-67.

[12]　Galvani A P, May R M. Epidemiology-dimensions of superspreading. Nature, 2005, 438(7066): 293-295.

[13]　Stone L, Olinky R, Huppert A. Seasonal dynamics of recurrent epidemics. Nature, 2007, 446(7135): 533-536.

[14] Keeling M J, Woolhouse M E J, May R M. Modelling vaccination strategies against foot-and-mouth disease. Nature, 2003, 421(6919): 136-142.

[15] Kitching R P, Taylor N M, Thrusfield M V. Vaccination strategies for foot-and-mouth disease. Nature, 2007, 445(7128): E12-E12.

[16] Lloyd-Smith J O, Schreiber S J, Kopp P E. Superspreading and the effect of individual variation on disease emergence. Nature, 2005, 438(7066): 355-359.

[17] Ferguson N M, Keeling M J, Edmunds W J. Planning for smallpox outbreaks. Nature, 2003, 425(6959): 681-685.

[18] Grenfell B, Harwood J. (Meta)Population dynamics of infectious diseases. Trends in Ecology and Evolution, 1997, 12(10): 395-399.

[19] Hanski I. Metapopulation dynamics. Nature, 1998, 396(6706): 41-49.

[20] Levins, R. Some demographic and genetic consequences of environmental heterogeneity for biological control. Bulletin of the ESA, 1969. 15(3): 237-240.

[21] Levins, R, Culver D. Regional coexistence of species and competition between rare species. Proceedings of the National Academy of Sciences, 1971, 68(6): 1246.

[22] Nee, S. How populations persist. Nature, 1994, 367: 123-124.

[23] May R M, Anderson R M. Spatial heterogeneity and the design of immunization programs. Mathematical Biosciences, 1984, 72(1): 83-111.

[24] Colizza V, Pastor-Satorras R, Vespignani A. Reaction-diffusion processes and metapopulation models in heterogeneous networks. Nature Physics, 2007, 3(4): 276-282.

[25] Watts D J, Muhamad R, Medina D C. Multiscale, resurgent epidemics in a hierarchical metapopulation model. Proceedings of the National Academy of Sciences of the United States of America, 2005, 102(32): 11157-11162.

[26] Keeling M J, Eames K T D. Networks and epidemic models. Journal of the Royal Society Interface, 2005, 2(4): 295-307.

[27] Eames K T D, Keeling M J. Modeling dynamic and network heterogeneities in the spread of sexually transmitted diseases. Procedings of the National Academy of Sciences of the United States America, 2002, 99(20), 13330-13335.

[28] Eubank S, Guclu H, Kumar V S A. Modelling disease outbreaks in realistic urban social networks. Nature, 2004, 429, 180-184.

[29] Meyers L A, Pourbohloul B, Newman M E J. Network theory and SARS: predicting outbreak diversity. Journal of Theoretical Biology, 2005, 232(1), 71-81.

[30] Barabasi A L, Albert R, Jeong H. Mean-field theory for scale-free random networks. Physica A-Statistical Mechanics and Its Applications, 1999, 272(1-2): 173-187.

[31] Callaway D S, Newman M E J, Strogatz S H. Network robustness and fragility: percolation on random graphs. Physical Review Letters, 2000, 85(25): 5468-5471.

[32] Watts D J, Strogatz S H. Collective dynamics of 'small-world' networks. Nature, 1998, 393(6684): 440-442.

[33] Moore C, Newman M E J. Epidemics and percolation in small-world networks. Physical Review E, 2000, 61(5): 5678-5682.

[34] Kuperman M, Abramson G. Small world effect in an epidemiological model. Physical Review Letters, 2001, 86(13): 2909-2912.

[35] Barabasi A L, Albert R. Emergence of scaling in random networks. Science, 1999, 286(5439): 509-512.

[36] Albert R, Jeong H, Barabasi A L. Internet-diameter of the world-wide web. Nature, 1999, 401(6749): 130-131.

[37] Jeong H, Tombor B, Oltvai Z N. The large-scale organization of metabolic networks. Nature, 2000, 407(6804): 651-654.

[38] Moreno Y, Vazquez A. Disease spreading in structured scale-free networks. European Physical Journal B, 2003, 31(2): 265-271.

[39] Grabowski A, Kosinski R A. Epidemic spreading in a hierarchical social network. Physical Review E, 2004, 70(3): 031908.

[40] Liu Z H, Hu B B. Epidemic spreading in community networks. Europhysics Letters, 2005, 72(2): 315-321.

[41] Liu J Z, Wu J S, Yang Z R. The spread of infectious disease on complex networks with household-structure. Physica A-Statistical Mechanics and Its Applications, 2004, 341: 273-280.

[42] Colizza V and Vespignani A. Invasion threshold in heterogeneous metapopulation networks. Physical Review Letters, 2007, 99(14): 148701.

[43] Hufnagel L, Brockmann D, Geisel T. Forecast and control of epidemics in aglobalized world. Proceedings of the National Academy of Sciences of the United States of America, 2004, 101(42): 15124-15129.

[44] Simoes J M A. An Agent-based approach to spatial epidemics through GIS. Center for Advanced Spatial Analysis and Department of Geography, University of London, 2006.

[45] James A, Pitchford J W, Plank M J. An event-based model of superspreading in epidemics. Proceedings of the Royal Society B-Biological Sciences, 2007, 274(1610): 741-747.

[46] Wooldridge M, Jennings N R. Intelligent agents: theory and practice. The Knowledge Engineering Review, 1995, 10(2): 115-152.

[47] Grimm V. A standard protocol for describing individual-based and agent-based Models. Ecological Modelling, 2006, 198(1-2): 115-126.

[48] Yang Y. The transmissibility and control of pandemic influenza A（H1N1）virus. Science, 2009, 326(5953): 729.

[49] Epstein J M. Modelling to contain pandemics. Nature, 2009, 460(7256): 687-687.

[50] Eubank S. Modelling disease outbreaks in realistic urban social networks. Nature, 2004. 429(6988): 180-184.

[51] 黄顺祥, 要茂盛, 徐莉. 传染病监测预测与优化控制. 北京: 科学出版社, 2016.

[52] Jan M, Alison P G. Optimizing influenza vaccine distribution. Science, 2009（325）: 1075-1078.

[53] Roberts M G. Modelling strategies for minimizing the impact of an imported exotic infection. Proceedings of Biological Sciences, 2004(271): 2411-2415.

[54] Charles P, Carlos C C, Gerardo C. Merging economics and epidemiology to improve the prediction and management of infectious disease. EcoHealth, 2014, 11(4): 464-475.

[55] 刘峰, 黄顺祥. 大气环境风险控制的优化理论与应用. 北京: 气象出版社, 2011.

[56] 黄光球, 慕峰峰, 陆秋琴. 基于 SEIV 传染病模型的函数优化方法, 计算机应用研究, 2014, 31(11): 3375-3384.

第4章 粒子群优化算法

4.1 引 言

粒子群优化算法(Particle Swarm Optimizer，PSO)最早是在 1995 年由美国社会心理学家 Kennedy 和电气工程师 Eberhart[1]共同提出的一种基于群集智能的并行随机优化算法。其基本思想是受他们早期对许多鸟类的群体行为进行建模与仿真研究结果的启发，而模型及仿真算法主要利用了生物学家 Heppner 的模型。Heppner 的鸟类模型在反映群体行为方面与其他模型不同之处在于鸟类被吸引飞向栖息地。在仿真中，一开始每只鸟均无特定目标进行飞行，直到有一只鸟飞到栖息地，当期望栖息比期望留在鸟群中具有较大的适应值时，每一只鸟都将离开群体飞向栖息地，随后就自然形成了鸟群。

由于鸟类使用简单的规则规定自己的飞行方向与飞行速度(实质上，每只鸟都试图停留在鸟群中，而又不相互碰撞)，当一只鸟飞离鸟群飞向栖息地时，将导致它周围其他鸟也飞向栖息地，这些鸟一旦发现栖息地，将降落在此，驱使更多的鸟落在栖息地，直到整个鸟群都落在栖息地。鸟类寻找栖息地与对一个特定问题寻找解很类似，已经找到栖息地的鸟引导它周围的鸟飞向栖息地的方式增加了整个鸟群都找到栖息地的可能性。PSO 算法正是从这种模型中得到启示并用于解决优化问题[2]。算法中每个待优化问题的可能解都是搜索空间中的一只鸟，即群体中的成员个体，由于这样的个体被描述为没有重量、没有体积的单位，因此又被称为"粒子"。所有的粒子都由被优化的函数决定的适应值(Fitness)来评价，每个粒子用于描述一个解空间中的备选解，且具有一个随机速度在整个解空间中运动，通过其他粒子之间以一定形式的信息交换，来互相获得启发式信息引导整个群体的运动。

4.2 粒子群优化算法的数学模型及算法流程

4.2.1 粒子群优化算法的数学模型

粒子群优化算法实质上是一种随机搜索算法，需要维持一个样本解的群体，对这些样本解按照一定的规则进行随机变化,通过选择来确定下一代的样本群体。下面对随机搜索算法的一般框架给出描述。

定义 4.1　　目标函数: $f: \mathbf{R}^n \rightarrow \mathbf{R}$, $S^n \subset \mathbf{R}^n$,需要搜索到向量 $x^* = \min\{f(x) \mid x \in S^n\}$,或者是在 S^n 中产生一个可以接受的 f。

对于定义 4.1 的所述问题,可以对随机搜索算法基本框架进行如下定义。

定义 4.2　　随机搜索算法基本框架

第一步:在 S^n 中产生初始解 x^0,开始优化,$k=0$。

第二步:在采样概率空间 $(\mathbf{R}^n, B, \mu_k)$ 中由邻域函数 ϕ 产生 $\zeta^k \in S^n$。

第三步:选择 μ_{k+1},更新 $x^{k+1} = D(x^0, \zeta^k)$,置 $k=k+1$,返回第二步。

其中,邻域函数 $\phi: \mathbf{R}^n \rightarrow \mathbf{R}$ 是一个由当前样本解产生新的样本解的映射;映射 $D: S^n \times \mathbf{R}^n \rightarrow S^n$ 是选择函数;B 为 $\mathbf{R}^n$ 的 σ 域;μ_k 为 B 上的概率测度。

在进化计算方法这个统一框架下,对于不同的随机搜索算法,邻域函数和选择函数的选取是不同的。邻域函数的设计依赖问题的特性和解的表达形式,如遗传算法中的交叉、变异等算子,模拟退火算法中的随机抽样策略。选择函数根据不同算法也不同,如遗传算法中的最优保留选择策略,模拟退火算法中的 Metropolis 接受准则等。

在 PSO 算法中,每个优化问题的解个体被看作是搜索空间的一只鸟,即群体中的成员。由于这样的个体被描述为没有重量、没有体积的单位,因此又被称作"粒子",这样的粒子具有位置、速度和加速状态等属性。所有的粒子都由被优化的函数所决定的适应值来评价,每个粒子还有一个速度决定他们飞翔的方向和距离,所有粒子通过追随当前的最优粒子在解空间的可行域(如果有约束条件)中进行搜索。

基本 PSO 算法中,每个粒子(Particle)代表一个可能的解,所有的粒子组成群体(Swarm)。首先 PSO 算法初始化一群随机粒子(随机初始解),然后通过迭代更新其速度和位置。在每次迭代中,粒子通过跟踪两个最优值来更新自己的状态:第一个就是粒子个体本身在历史上所找到的最优解,这个解叫作个体位置最优值 pbest;另一个是整个群体到目前为止找到的最优解,称作群体位置最优值 gbest。粒子在解空间中根据上述自身历史信息和群体信息共同决定其"飞翔"(fly)的速度和方向,以此来寻找最优解[3,4]。

假设在 D 维搜索空间中进行问题求解,群体由 m 个粒子组成,$\text{Swarm} = \{x_1^{(k)}, x_2^{(k)}, \cdots, x_m^{(k)}\}$。$k$ 时刻第 i 个粒子在搜索空间中的位置向量为 $x_i^{(k)} = (x_{i1}^{(k)}, x_{i2}^{(k)}, \cdots, x_{iD}^{(k)})$,$i=1, 2, \cdots, m$,这是粒子个体在搜索空间中的位置,也代表问题的一个可能解。与该个体位置向量相对应的是其速度向量

$v_i^{(k)} = (v_{i1}^{(k)}, v_{i2}^{(k)}, \cdots, v_{iD}^{(k)})$（$k$ 表示迭代周期，如 $x_{id}^{(k+n)}$ 表示第 $k+n$ 个周期），描述了该粒子在空间每一维上的运动情况。

PSO 算法的邻域函数在每一个迭代周期根据个体自身位置向量、速度向量、个体历史信息、群体信息和扰动来产生新的位置状态。标准 PSO 算法中，第 i 个粒子在 $k+1$ 时刻的第 d 维邻域函数计算公式为

$$\begin{cases} v_{id}^{(k+1)} = \omega \cdot v_{id}^{(k)} + c_1 \cdot r_1 \cdot (p_{id}^{(k)} - x_{id}^{(k)}) + c_2 \cdot r_2 \cdot (p_{ld}^{(k)} - x_{id}^{(k)}) \\ x_{id}^{(k+1)} = x_{id}^{(k)} + v_{id}^{(k+1)} \end{cases} \tag{4-1}$$

在邻域函数产生新的粒子向量时，还须满足以下速度向量约束条件

$$\left| v_{id}^{(k)} \right| \leqslant V_{\max} \tag{4-2}$$

公式(4-2)所描述的速度向量约束条件也可以描述为 $\left| x_{id}^{(k+1)} - x_{id}^{(k)} \right| \leqslant V_{\max}$，这实际上是动态系统的 Lipschitz 条件。虽然速度约束条件限制了每次迭代过程中速度向量的幅度，但生成向量仍可能超出搜索空间。生成向量如果超出搜索空间，要进行处理以保证搜索在可行解空间中进行，常见的四种处理方式如图 4.1 所示，具体描述如下。

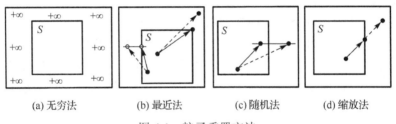

|　(a) 无穷法　|　(b) 最近法　|　(c) 随机法　|　(d) 缩放法　|

图 4.1　粒子重置方法

(1)无穷法：对于定义 4.1 的最小化问题，若 $x_i^{(k)} \notin S$，则令 $f(x_i^{(k)}) = +\infty$。

(2)最近法：若 $x_i^{(k)} \notin S$，重置 $x_i^{(k)} = x'$，其中，x' 满足 $\forall x \in S, \mathrm{dist}(x_i^{(k)}, x') \leqslant \mathrm{dist}(x_i^{(k)}, x)$，即 x' 为搜索空间 S 中离粒子 $x_i^{(k)}$ 最近的位置。

(3)随机法：假定搜索空间 S 的第 d 维的范围为 $[lb_d, ub_d]$，若 $x_i^{(k)} \notin [lb_d, ub_d]$，则重置 $x_i^{(k)} = lb_d + (ub_d - lb_d) \times r$，其中，$r$ 为 $(0,1)$ 内均匀分布的随机数。

(4)缩放法：若 $x_i^{(k)} \notin S$，则重置 $x_i^{(k)} = x_i^{(k-1)} + \sigma(x_i^{(k)} - x_i^{(k-1)})$，其中，

$$\sigma = \min_{\substack{\forall d, x_i^{(k)} \notin \\ [lb_d, ub_d]}} \left(\frac{\| b_d - x_i^{(k-1)} \|}{\| x_i^{(k)} - x_i^{(k-1)} \|} \right), b_d = \begin{cases} ub_d, ub_d < x_i^{(k)} \\ lb_d, lb_d > x_i^{(k)} \end{cases}。$$

PSO 的选择函数定义为

$$p_{id}^{(k+1)} = \begin{cases} x_i^{(k+1)}, & f(x_i^{(k+1)}) \leqslant f(p_{id}^{(k)}) \\ p_{id}^{(k)}, & f(x_i^{(k+1)}) > f(p_{id}^{(k)}) \end{cases} \tag{4-3}$$

$$p_{id}^{(k)} \in \{x_{1d}^{(k)}, x_{2d}^{(k)}, \cdots, x_{md}^{(k)} \mid f(x_{id}^{(k)})\} = \min\{f(x_{1d}^{(k)}), f(x_{2d}^{(k)}), \cdots, f(x_{md}^{(k)})\} \tag{4-4}$$

$$p_{ld}^{(k)} \in \{p_{1d}^{(k)}, p_{2d}^{(k)}, \cdots, p_{md}^{(k)} \mid f(p_{id}^{(k)})\} = \min\{f(p_{1d}^{(k)}), f(p_{2d}^{(k)}), \cdots, f(p_{md}^{(k)})\} \tag{4-5}$$

公式(4-1)～公式(4-5)中各参数的含义见表4.1。

表 4.1　PSO 算法参数

参数	含义	参数	含义
w	惯量因子	$V_{\max}$	速度向量限制常数
η	速度比例约束因子	c_1、c_2	加速因子
$x_{id}^{(k)}$	粒子的当前的位置向量	r_1、r_2	在(0, 1)之间的随机数
$v_{id}^{(k)}$	粒子运动速度向量	m	种群粒子数量
$p_{id}^{(k)}$	粒子个体位置最优值	D	搜索空间维数
$p_{gd}^{(k)}$	群体位置最优值	$f(\cdot)$	适应度(目标)函数

4.2.2　粒子群优化算法的算法流程

根据 PSO 的算法规则，标准 PSO 的算法流程如下所述。

步骤 1　初始化设置粒子群的规模、惯性因子、加速因子。

步骤 2　在搜索空间内随机初始化每个粒子的位置，并初始化粒子的速度向量，将每个粒子的个体历史最优位置设置为当前粒子的位置；并按公式(4-5)计算群体最优位置。

步骤 3　按公式(4-1)更新每个粒子的速度，按公式(4-2)约束粒子速度；按公式(4-1)更新每个粒子的位置，重置超出搜索空间粒子的位置。

步骤 4　计算每个粒子位置的目标函数值，并按公式(4-4)与公式(4-5)更新每个粒子的个体历史最优位置与整个群体的最优位置。

步骤 5　若满足停止条件，则停止搜索，输出搜索结果，否则返回步骤 3 继续搜索。

PSO 的算法采用实数编码，无须像遗传算法一样采用二进制编码。标准 PSO 没有许多需要调节的参数，多凭经验选取，具体如下。

(1)种群规模 m，一般选取 10～30，对于一般的问题小规模的粒子数量已经足够，这样也降低了计算复杂性。

(2)粒子速度限制常数 $V_{\max}$ 决定着粒子在一个迭代周期中的最大移动距离。Shi[5]给出了 $V_{\max}$ 在[2, $X_{\max}$]单独取值，速度惯量 ω 在[0.1, 1.05]范围内取值时的 PSO 系统优化试验仿真结果。

(3)加速度因子 c_1、c_2 通常选取为 2，Clerc[6]建议 $(c_1+c_2)/2$ 的取值为 1.494。

(4)惯量因子 ω，取值一般在 $(0, 1)$ 之间，Clerc[6]建议的取值为 0.729，Riget[7]采用的是随时间递减的 ω 取值更新策略。

(5)速度比例约束因子 η，通常取值为 1。

(6)终止条件一般选择为达到最大循环设定，或者是满足指定误差要求。

4.3　改进的粒子群优化算法

自 1995 年粒子群算法问世以来，不同领域的研究人员曾提出各种算法模型和描述形式，从不同角度对粒子群算法进行分析、设计。其中比较权威的是 Kennedy、Eberhart、Yuhui Shi 与 Clerc 等，他们依据粒子群算法的模拟思想，分别构造了简单粒子群算法模型、引入惯性权重的粒子群算法模型及引入收缩因子的粒子群算法模型，并通过大量的实验研究，详细分析了模型中不同控制参数的意义与作用，并确定了相应的参考取值。

4.3.1　带惯性权重的 PSO 模型

为了避免 PSO 算法早熟收敛以及增加种群的多样性，获得更好的优化性能，研究者们提出了各种改进策略来提高 PSO 算法的优化性能。由于 PSO 算法中惯性因子和加速因子的参数设置对算法性能有重要影响，基于算法参数调整策略，研究者们提出了众多不同的改进方案。在最早的基本 PSO 模型中并没有惯性权重参数 ω，随后 Shi 和 Eberhart[8]引入了惯性权重，将其作为一种控制种群搜索能力和探索能力的机制，具体数学公式如下：

$$\begin{cases} v_{id}^{(k+1)} = \omega \cdot v_{id}^{(k)} + c_1 \cdot r_1 \cdot (p_{id}^{(k)} - x_{id}^{(k)}) + c_2 \cdot r_2 \cdot (p_{ld}^{(k)} - x_{id}^{(k)}) \\ x_{id}^{(k+1)} = x_{id}^{(k)} + v_{id}^{(k+1)} \end{cases} \tag{4-6}$$

文献[8]中应用到了此模型，并对 ω 取值的变化对算法的影响进行了分析，同时也通过大量的仿真结果分析了 ω 与速度限制变量 $V_{\max}$ 在不同取值下，对算法性能的影响。ω 的引入平衡了种群的搜索能力和探索性能。对于 $\omega > 1$，速度随时间可能会增大到最大速度，种群就会发散；对于 $\omega \leqslant 1$，粒子将会不断降速直到速度变为 0。较大的 ω 有利于对搜索空间进行探索，并且增加种群多样性，而较小的 ω 则会提升局部开发能力，但是，过小的 ω 取值会使种群失去探索的能力。ω 值越小，认知成分和社会成分控制速度更新的程度越大。由于粒子速度的更新依赖于前一时刻的速度项、认知部分、社会部分，而惯性权重 ω 则是改变了先前速度项对粒子速度的影响，认知部分、社会部分则分别由加速度常数 c_1、

c_2 来影响粒子速度。因此，惯性权重 ω 和加速度常数之间存在重要的关系。

针对惯性权重因子的改进模型，Shi 和 Eberhart 还提出了线性递减[9]、随机调整[10]、模糊自适应策略[11]等方案。Nickabadi[12]等提出了基于群体中成功粒子的比例来调整惯性因子的方法，Zhou[13]等提出了根据粒子速度大小自适应调节惯性因子的方法，Saha[14]等提出了基于群体粒子位置和速度的惯性因子调整策略。Ting[15]等提出了惯性因子指数调整方法来提高算法性能。

4.3.2　带收缩系数的 PSO 模型

Clerc[6,16]提出了一种与使用惯性权重来平衡探索和开发矛盾的类似方法，即速度被一个常数 χ 收缩，这个常数叫作收缩系数，具体数学描述为

$$
\begin{cases}
v_{id}^{(k+1)} = \chi \cdot (v_{id}^{(k)} + c_1 \cdot r_1 \cdot (p_{id}^{(k)} - x_{id}^{(k)}) + c_2 \cdot r_2 \cdot (p_{ld}^{(k)} - x_{id}^{(k)})) \\
x_{id}^{(k+1)} = x_{id}^{(k)} + \eta \cdot v_{id}^{(k+1)}
\end{cases}
\tag{4-7}
$$

其中，$\chi = \dfrac{2\kappa}{|2 - \varphi - \sqrt{\varphi \cdot (\varphi - 4)}|}$，$\kappa \in [0,1]$，$\varphi = c_1 + c_2$。参数 κ 控制着种群的"探索和开拓"能力间的平衡：当 $\kappa \approx 0$ 时，局部的开发能力导致种群快速收敛；反之，当 $\kappa \approx 1$ 时，算法的搜索能力比较强，收敛慢。通常，κ 被赋予一个固定值。大多数情况下，研究者一般把 φ 设为 4.1（即有 $c_1 = c_2 = 2.05$），并设 $\kappa = 1$，由此得出 $\chi \approx 0.729$。

PSO 中引入收缩系数同引入惯性权重有同样的作用，即平衡算法的探索和开发的矛盾。与收缩系数模型等效的惯性权重模型为：$\omega = \chi$；$\varphi_1 = \chi \cdot c_1 \cdot r_1$；$\varphi_2 = \chi \cdot c_2 \cdot r_2$。这两种方法的不同点在于收缩因子模型不需要使用速度限制 Lipschitz 条件，而且在确定的约束条件下能保证收敛[17]。

文献[6]中不仅使用了这个模型，并且提出引入比例约束因子 η，这两个参数的引入完善了 PSO 算法描述形式，成了一般通用的标准 PSO 表达方式；同时将 PSO 作为时不变动态系统进行了参数稳定性分析，并且提出了一种 5 个参数的模型形式，五维描述方法能够完整地描述算法，并能通过设置算法的各项系数来控制其收敛趋势。

4.3.3　Bare Bones Particle Swarm（BBPS）模型

Kennedy[18]提出了 Bare Bones Particle Swarm 模型。标准 PSO 算法中的速度公式被舍弃了，取而代之的是一种基于群体最优位置（gbest）和粒子自身最优位置（pbest）的高斯采样。此外，在 BBPS 中还探讨了各种群拓扑结构和交互概率，其具体数学公式为

$$x_{id}^{(k+1)} = N(\mu, \sigma^2) \qquad (4\text{-}8)$$

其中，$\mu = (p_{ld}^{(k)} + p_{id}^{(k)})/2$, $\sigma^2 = |p_{ld}^{(k)} - p_{id}^{(k)}|$。

Poli[19]将连续的 N 维搜索空间划分为有限元网格，并且利用柯西、高斯和其他抽样分布分析了 BBPS 的离散马尔科夫链，同时也指出采样分布的小幅度改变将会对 BBPS 的搜索性能有很大的帮助，其至能确保 BBPS 获得全局最优位置。Monson[20]研究了 BBPS 算法的寻优偏差。潘峰[21]等证明 BBPS 可以从标准 PSO公式中通过数学推导而得到，并且讨论了算法参数在概率意义下的遗忘特性。

相较于标准 PSO，BBPS 会更加精简，而且也不需要设置参数。因此，它更容易实现，也更容易与其他的优化算法相结合。BBPS 和其改进算法被应用于整数规划[22]和图像分类[23]。Omran[24]利用一种嵌入式方法将 BBPS 和差分算法(DE)结合起来。其中，BBPS 所产生的采样点用来作为 DE 每次更新操作的基本向量。

4.3.4　带被动 c-聚集的 PSO 模型

Parrish 和 Hamner[25]提出了群体动物如何组织群体的空间结构模型，依据的是群体内信息共享的方式。在这些模型中，动物群体的聚集行为可分为两类：a-聚集(aggregation)和 c-聚集(congregation)。a-聚集指的是借助非社会的、外部的、物理的力量形成的群体，又可分为被动的 a-聚集和积极的 a-聚集。被动 a-聚集是由外部物理力量促成的群体，例如，浮游生物在开阔水域高密度聚集，但它们并不是主动聚集到一起的，而是由一些外部因素(如水流、风等)被动聚集的。积极a-聚集是由外部吸引源(如食物、空间)引发的群体。c-聚集与 a-聚集的不同之处在于前者是由社会力量促成的群体。c-聚集的吸引源就是群体本身，可分为被动c-聚集和积极 c-聚集。被动 c-聚集是每一个体对其他个体吸引但没有表现出社会行为的群体。积极 c-聚集现象通常出现在有关联的群体内部成员之间，有时这种关联程度是很高的。在积极 c-聚集中，存在各种各样的群体内部成员之间的交互行为，活跃的信息传递是必要的。

自然界中的鱼群是自发形成的 c-聚集，其成员之间可能没有基因关系，因此，它们的成员对群体的忠实度很低，鱼群中的个体总是想方设法获得群体生活的最大优势，而不关心近邻者的相关利益。在这种 c-聚集中，信息是被动的传播而不是积极的传递，这种以自我为中心的 c-聚集类型指的就是被动 c-聚集。被动 c-聚集 的 粒 子 群 算 法 (Particle Swarm Optimization with Passive Congregation, PSOPC)[26]是受鱼群活动启发而提出的，利用被动 c-聚集的特性改善标准粒子群算法的性能，公式为

$$v_{jk}(t+1) = wv_{jk}(t) + c_1 r_1 (p_{jk}(t) - x_{jk}(t)) + c_2 r_2 (p_{gk}(t) - x_{jk}(t)) + c_3 r_3 (r_{jk}(t) - x_{jk}(t)) \qquad (4\text{-}9)$$

式中，c_3 为被动 c-聚集系数；$r_{jk}(t)$ 是某随机选取粒子当前位置 $R_j(t)$ 的第 k 维分量。

PSOPC 算法认为，标准粒子群算法中群体内的共享信息只有群体历史最优位置，此时，群体可能会丧失多样性，而易陷入局部最优点，因此 PSOPC 算法通过增加一个随机选择的粒子信息来增加种群多样性。

PSOPC 算法将 $c_1 r_1(r_{jk}(t) - x_{jk}(t))$ 视为搜索过程引入的扰动，且对于每一个体，此扰动大小与它和一个随机选取邻居的距离成比例。在搜索过程的早期，个体间的距离比较大，故该扰动项所起的作用比较大，从而可有效避免粒子过早收敛。随着代数的增加，个体间距变小，因此扰动项的值也变小，从而可以引导粒子进行小范围精细搜索。

PSOPC 算法将 $c_2 r_2(p_{gk}(t) - x_{jk}(t))$ 看作积极 a-聚集，即外部资源对群体成员的吸引；将 $c_3 r_3(r_{jk}(t) - x_{jk}(t))$ 视为被动 c-聚集，即群体内成员的相互影响，这两者都符合积极 a-聚集和被动 c-聚集的定义，并利用了两者吸引源差异和信息获取方面的特征差异。

PSOPC 算法提供了从生物学角度改进粒子群算法的一条途径，利用了群体动物在信息共享机制方面的特征：在 a-聚集中的群体成员能够从其近邻者中获得必要的信息，因此他们可以不直接参与群体外环境的信息传递就能生存。PSOPC 算法突出了群体成员与其相邻者之间的信息共享，在一定程度上提高了粒子群算法的效率。

4.3.5　基于拓扑结构的改进算法

粒子群优化算法的基础是粒子间的相互合作，其合作行为是通过粒子向与其相连的粒子(邻居)传递信息，并根据接收到的邻居信息，按照一定的策略改变自身的状态，从而产生相应的自组织行为和启发式搜索算法。粒子群优化算法中粒子间的邻居关系和交互关系是通过社会网络结构来刻画描述的。可见，社会网络结构可以控制信息在群体中的传播，直接影响到粒子群的寻优能力和收敛性。因此，很多学者依据社会网络拓扑结构提出了改进的 PSO 算法。为了避免 PSO 算法早熟收敛，Kennedy[27]和 Das[28]首先提出了采用邻域拓扑的 PSO 算法，后来 Kennedy 和 Mendes[29]研究了各种拓扑结构对算法性能的影响。Mendes[30]在进一步的研究中详细论述了各种静态拓扑结构对算法性能的影响，同时提出全信息 PSO 算法(FIPS)。Janson 和 Middendorf[31]提出了一种动态的分层拓扑结构。Liang 和 Suganthan[32]提出的多种群策略相当于一种动态邻域的拓扑结构。Qu[33]等提出基于小生境的动态邻域拓扑结构。Ghosh[34]等提出了一种基于多子群拓扑的混合 PSO 算法，其子群数目是可变的，同时每个子群的粒子数目又是动态变化的。

4.4　粒子群优化算法的典型应用

　　评价优化理论及算法价值的重要标准是能否指导实际应用、能否更好地服务于实际应用。由于粒子群优化算法设置简单、优化参数少、收敛速度快的优点，该算法被广泛应用于求解各种实际工程问题。根据具体问题，首先要区分针对单目标优化，还是多目标优化问题。同时，还要按照设计参数的性质进行分类，通常可以分为连续参数优化和离散参数优化两类问题。

　　目前 PSO 算法的研究主要针对连续参数优化问题的求解[35]。Khatami 等[36]从图像采样得到的像素求解颜色区分转换矩阵的权重，应用粒子群算法获得 K-中心点的适应度值。这样的优化方式与一些数学优化算法相比，可以更快速和更容易地实现火灾探测系统检测。Shahbeig 等[37]提出了一种新的混合算法，以确定乳腺癌最相关的参与基因的发展。结合教与学优化算法(Teaching-Learning-Based Optimization，TLBO)和提出的突变模糊自适应粒子群优化算法来找到最小参与乳腺癌的基因子集。得到的结果表明，所提出的技术是能够实现 91.88%准确性的。Zhang 等[38]提出了一种非线性动态迟滞模型参数辨识的改进 PSO 算法，研究表明，这种改进方式减少了利用粒子群算法的随机性产生的影响。

　　求解离散参数优化问题的离散粒子群算法(Discrete Particle Swarm Optimization，DPSO)主要是为求解组合优化问题应运而生。目前也有研究者致力于在离散参数方面对粒子群算法的应用情况进行改进。Kennedy 等[39]首先提出二进制的离散粒子群优化算法，该算法将粒子的位置用 0 或 1 表示，将粒子的速度用 0 和 1 之间的值表示，通过这样的二进制表示方法可以使得算法在离散空间进行寻优。李宁等[40]在解决车辆路径规划问题时，采用原始连续粒子群优化算法的位置和速度更新公式，对位置和速度信息进行去整处理后可以得到相应的离散优化结果。Yang 等[41]提出了一种新的基于量子个体的离散粒子群优化算法，比现有的算法更简单，仿真实验及其在码分多址中的应用也证明了其高效率。Clerc[42]提出了一种新的离散粒子群算法设计思路，并将改进后的算法应用于旅行商问题。Afshinmanesh[43]提出了一种新的基于免疫理论的二进制粒子群优化方法，仿真结果表明该算法与其他二进制粒子群算法和遗传算法相比在搜索能力和收敛速度的上有所改进。

　　上述研究均针对单目标优化问题进行。但在工程实际应用中，所需优化的目标不止一个，且设计变量之间往往有关联、非独立，甚至呈现矛盾的变化趋势。比如，Bergh[44]应用其提出的协作 PSO 训练乘积单元的神经网络进行模式分类，夏永明等[45]将 PSO 应用于直线感应电动机的优化设计等，还有自动控制系统中的智能控制器优化设计、系统辨识、路面谱模型计算等问题。He[46]利用 PSO 算法优化模糊控制系统，设计模糊控制器。粒子群优化算法在电力系统优化中也有着广泛的应用[47]，如在配电网扩展规划、检修计划、机组组合、负荷经济分配、最优潮流计算与无功优化控制、谐波分析与电容器配置、配电网状态估计、参数辨识、优化设计等方面。高尚等[48]将粒子群算法通过一定的改进或变形，已经将其成功用于 TSP 问题的求解；Ting[49]分别通过二进制编码和实数编码的混合 PSO 来解决机组组合优化问题。

4.5　本　章　小　结

本章给出了粒子群优化算法的基本信息，如算法描述、数学模型以及算法实现流程等。总结了几种常见的改进粒子群优化算法的数学模型，对其优缺点进行了分析和说明。最后指出了粒子群优化算法的典型应用。本章基础知识的介绍为后续应用篇中利用粒子群优化算法进行机场停机位分配和空间站姿态指令优化做好了准备。

参　考　文　献

[1]　Kennedy J, Eberhart R C. Particle swarm optimization. Proceedings of IEEE International Conference on Neural Network, 1995: 1942-1948.

[2]　潘峰. 协调粒子群优化理论、方法及其在伺服系统中的应用研究. 北京理工大学. 2005.

[3]　潘峰, 李位星, 高琪, 等. 粒子群优化算法与多目标优化. 北京: 北京理工大学出版社, 2013.

[4]　潘峰, 李位星, 高琪, 等. 动态多目标粒子群优化算法及其应用. 北京: 北京理工大学出版社, 2014.

[5]　Shi Y, Eberhart R C. Parameter selection in particle swarm optimization. 1998, 1447(25): 591-600.

[6]　Clerc M, Kennedy J. The particle swarm-explosion, stability, and convergence in a multidimensional complex space. IEEE Transactions on Evolutionary Computation, 2002, 6(1): 58-73.

[7]　Riget J, Vesterstroem J S. A diversity-guided particle swarm optimizer-the ARPSO. Technical Report No 2002-02, Department of Computer Science, University of Aarhus, 2002.

[8]　Shi Y, Eberhart R. A modified particle swarm optimizer. Proceedings of IEEE International Conference on Evolutionary Computation, 1999: 69-73.

[9]　Shi Y, Eberhart R C. Empirical study of particle swarm optimization. Proceedings of　1999 Congress on Evolutionary Computation, 2002, 1: 320-324.

[10]　Eberhart R C, Shi Y. Tracking and optimizing dynamic systems with particle swarms. Proceedings of 2001 Congress on Evolutionary Computation, 2001, 1: 94-100.

[11]　Shi Y, Eberhart R C. Fuzzy adaptive particle swarm optimization. Proceedings of 2001 Congress on Evolutionary Computation, 1997, 1: 101-106.

[12]　Nickabadi A, Ebadzadeh M M, Safabakhsh R. A novel particle swarm optimization algorithm with adaptive inertia weight. Applied Soft Computing, 2011, 11(4): 3658-3670.

[13]　Zhou Z, Shi Y. Inertia weight adaption in particle swarm optimization algorithm. Proceedings of International Conference on Advances in Swarm Intelligence, 2011:71-79.

[14]　Saha S K, Sarkar S, Kar R. Digital stable IIR low pass filter optimization using particle swarm optimization with improved inertia weight. Proceedings of International Joint Conference on Computer Science and Software Engineering, 2001.

[15]　Ting T O, Shi Y, Cheng S. Exponential inertia weight for particle swarm optimization. Advances in Swarm Intelligence Icsi Pt I, 2012, 7331(1): 83-90.

[16]　Clerc M. The swarm and the queen: towards a deterministic and adaptive particle swarm optimization. Proceedings of the 1999 Congress on Evolutionary Computation, 2002, 3: 1957.

[17]　Eberhart R C, Shi Y. Comparing inertia weights and constriction factors in particle swarm optimization. Proceedings of the 2000 Congress on Evolutionary Computation, 2002, 1: 84-88.

[18]　Kennedy J. Bare bones particle swarms. Proceedings of the 2003 IEEE Swarm Intelligence Symposium, 2003: 80-87.

[19]　Poli R, Langdon W B. Markov chain models of bare-bones particle swarm optimizers. Proceedings of Conference on Genetic and Evolutionary Computation, 2007: 142-149.

[20]　Monson C K, Seppi K D. Exposing origin-seeking bias in PSO. Proceedings of Conference on Genetic and Evolutionary Computation, 2005: 241-248.

[21]　Pan F, Hu X, Eberhart R. An analysis of bare bones particle swarm. Proceedings of the 2008 IEEE Swarm Intelligence Symposium, 2008: 1-5.

[22]　Omran M G H, Engelbrecht A, Salman A. Barebones particle swarm for integer programming problems. Proceedings of the 2007 IEEE Swarm Intelligence Symposium, 2007: 170-175.

[23]　Omran M, Al-Sharhan S. Barebones particle swarm methods for unsupervised image classification. Proceedings of the 2007 IEEE Congress on Evolutionary Computation, 2008: 3247-3252.

[24]　Omran M G H, Engelbrecht A P, Salman A. Differential evolution based particle swarm

optimization. Proceedings of the 2007 IEEE Swarm Intelligence Symposium, 2007: 112-119.

[25] Parrish J K, Hamner W M. Animal Groups in Three Dimensions. Cambridge:Cambridge University Press, 1997.

[26] He S, Wu Q H. A paritcle swarm optimizer with passive congregation. Biosystems, 2004, 78(1-3): 135-147.

[27] Kennedy J. Small worlds and mega-minds: effects of neighborhood topology on particle swarm performance. Proceedings of the 1999 Congress on Evolutionary Computation, 1999, 3: 1938.

[28] Suganthan P N. Particle swarm optimiser with neighbourhood operator. Proceedings of the 1999 Congress on Evolutionary Computation, 1999, 3: 1962.

[29] Kennedy J, Mendes R. Population structure and particle swarm performance. Proceedings of 2002 World Congress on Computational Intelligence, 2002: 1671-1676.

[30] R M. Population Topologies and Their Influence in Particle Swarm Performance. Publica: Universidade do Minho, 2004.

[31] Janson S, Middendorf M. A hierarchical particle swarm optimizer and its adaptive variant. IEEE Transactions on Systems, Man and Cybernetics, Part B (Cybernetics), 2005, 35(6): 1272-1282.

[32] Liang J J, Suganthan P N. Dynamic multi-swarm particle swarm optimizer with local search. Proceedings of the 2005 IEEE Congress on Evolutionary Computation, 2006: 9-16.

[33] Qu B Y, Liang J J, Suganthan P N. Niching particle swarm optimization with local search for multi-modal optimization. Information Sciences, 2012, 197: 131-143.

[34] Ghosh A, Chowdhury A, Sinha S. A genetic Lbest particle swarm optimizer with dynamically varying subswarm topology. Evolutionary Computation, 2012: 1-7.

[35] 赵俊, 陈建军. 混沌粒子群优化的模糊神经 PID 控制器设计.西安电子科技大学学报(自然科学版), 2008, 35(1): 54-59.

[36] Khatami A, Mirghasemi S, Khosravi A. A new PSO-based approach to fire flame detection using K-Medoids clustering. Expert Systems with Applications, 2017, 68: 69-80.

[37] Saleh S, Mohammad S, Akbar R. A fuzzy multi-objective hybrid TLBO-PSO approach to select the associated genes with breast cancer. Signal Processing, 2017, 131: 58-65.

[38] Zhang J H, Xia P Q. An improved PSO algorithm for parameter identification of nonlinear dynamic hysteretic models. Journal of Sound and Vibration, 2017, 389: 153-167.

[39] Kennedy J, Eberhart R C. A discrete binary version of the particle swarm algorithm. Proceedings of the World Multiconference on Systemics, Cybernetics and Informatics, 1997: 12-15.

[40] 李宁, 邹彤, 孙德宝. 带时间窗车辆路径问题的粒子群算法. 系统工程理论与实践, 2004, (4): 130-135.

[41] Yang S, Wang M, Jiao L. A quantum particle swarm optimization. Congress on Evolutionary Computation, 2004: 19-23.

[42] Clerc M. Discrete particle swarm optimization, illustrated by the traveling salesman problem. New Optimization Techniques in Engineering, 2004: 219-239.

[43] Afshinmanesh F, Marandi A, Rahimi-Kian A. A novel binary particle swarm optimization method using artificial immune system. The International Conference on Computer as a Tool, 2005: 21-24.

[44] Bergh F V D, Engelbrecht A P. Training product unit networks using cooperative particle swarm optimisers. International Joint Conference on Neural Networks, 2001: 126-131.

[45] 夏永明, 付子义, 袁世鹰. 粒子群优化算法在直线感应电机优化设计中的应用. 中小型电机, 2002, 6:14-16.

[46] He Z, Wei C, Yang L. Extracting rules from fuzzy neural network by particle swarm optimisation. IEEE International Conference on Evolutionary Computation Proceedings, 1998: 74-77.

[47] 余欣梅, 李妍, 熊信艮. 基于PSO考虑谐波影响的补偿电容器优化配置. 中国电机工程学报, 2003, 23(2): 26-31.

[48] 高尚, 韩斌, 吴小俊. 求解旅行商问题的混合粒子群优化算法. 控制与决策, 2004, 11: 1286-1289.

[49] Ting T O, Rao M V C, Loo C K. A novel approach for unit commitment problem via an effective hybrid particle swarm optimization. IEEE Transactions on Power Systems, 2006, 21(1): 411-418.

第三篇　应　用　篇

第 5 章 基于人工蚁群的无线传感器网络节点唤醒控制算法

5.1 引 言

无线传感器网络(Wireless Sensor Networks, WSNs)是由大量的集成了传感、数据收集、处理和无线通信能力的小体积、低成本的传感器节点构成的无线自组织网络,其目的是协作地感知、采集和处理网络覆盖的地理区域内感知对象的信息,并传送给需要这些信息的用户[1]。由于无线传感器网络具有低成本、自组织、体积小和布撒灵活等特性[2],可应用于布线和电源供给困难的区域、人员不能达到的区域(如受到污染、环境不可被破坏区域或敌对区域)和一些临时场合(如发生自燃灾害等)。传感器节点、汇聚(Sink)节点和用户是无线传感器网络的三个构成要素,体系结构如图 5.1 所示。

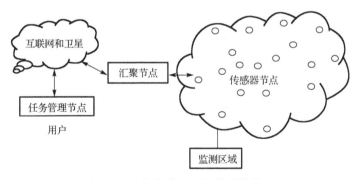

图 5.1 无线传感器网络体系结构图

传感器节点具有感知、运算和通信等功能,每个节点能够采集环境数据(如温度、湿度、光强、震动、磁场等),相互之间使用无线多跳(Multi-hop)方式通信,并根据应用和系统需求对采集的数据进行网内处理。汇聚节点将传感器网络收集处理后的信息汇集后,通过 Internet 或卫星递交给用户。用户是感知信息的接受和应用者,可以是人也可以是计算机或其他设备。用户可以主动查询或收集传感器网络的感知信息,也可以被动接收传感器网络发布的信息。

　　传感器节点作为无线传感器网络的组成元素，一般由四个基本部件组成：传感器模块、处理器模块、无线通信模块和能量供应模块，如图 5.2 所示。

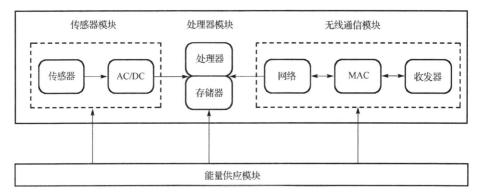

图 5.2　传感器节点的基本组成部件

　　此外根据不同的应用背景，传感器节点可能还具有一些额外部件，如位置发现系统和移动器，用于提供位置信息或将节点移动到指定位置，完成特定任务。传感器模块负责监测区域内信息的采集和数据转换；处理器模块负责控制整个传感器节点的操作，存储和处理本身采集的数据以及其他节点发来的数据；无线通信模块负责与其他传感器节点进行无线通信，交换控制信息和收发采集数据；能量供应模块为传感器节点提供运行所需的能量，通常采用微型电池。由于传感器节点往往部署在环境复杂的区域，有些区域甚至是人员所不能到达的，采用更换电源的方式来延长网络寿命是不现实的。如何降低网络功耗的同时又能高质量完成指定任务成为无线传感器网络面临的重大挑战。

　　在某一时刻，网络中只有部分区域会出现目标，而其他区域则不会有目标出现，这时就要部分节点唤醒以监测目标，而其他节点处于睡眠状态，这样就会节省能耗以延长网络寿命。由于节点布置稠密，如果不采用唤醒控制，大量冗余信息的处理和传递同样会消耗大量能量。由于传感器节点工作环境复杂，每个节点能量有限且难以补充，所以如何节省能耗以延长网络寿命是无线传感器网络研究的重点问题。目前面向目标感知的节点唤醒控制都是指传感器模块的唤醒控制，主要分为三种策略[3-13]：基于目标预警、基于目标跟踪和基于网络拓扑的策略，其中几种典型的算法如下。

　　(1)基于目标预警的策略中，目标出现的时间地点往往是未知的，稀疏的，而传感器节点却必须时刻准备着发现可能出现的目标，这就要求监视区内的传感器节点轮流交替工作，以实现能量均匀消耗和探测区内的点均匀覆盖[5,6]。RA(Randomized Activation)算法采用分布式控制，通过预先给节点设定一个随机的唤醒概率，每个节点都按照此概率随机的唤醒且唤醒概率相互独立，这样轮流让不必要的节点进入睡眠状态,这样的睡眠唤醒机制对监测任务和能耗平衡至关重要,但是由于节点间缺少协同,使得整体算法的效率较低并且节点的唤醒状态不能根据目标状态变化进行自适应的调整。

(2)基于目标跟踪的策略中,要求目标邻域的节点能够以协同方式确保对目标的连续发现和精确跟踪,也就是说在每个时刻要对目标邻域唤醒节点以实现局部、动态的密集覆盖。SA[7](Selective Activation Scheme)算法通过首节点(Leader)唤醒以预测目标为中心,以节点监测半径为 s 的圆周内的所有节点。每一个唤醒节点都去探测目标,如果没有发现目标,节点就会转入睡眠状态。发现目标的所有节点的形心位置就是对目标位置的预测。然后根据前面两拍先验目标的位置,线性的预测下一拍目标的位置。DCTC(Dynamic Convoy Tree-Based Collaboration)[8]算法用结构树的方法对传感器节点进行优化。当目标进入到监测区域时,传感器节点通过协作选择一个根节点(Root),从传感器节点收集信息并且提炼这些信息,以获取目标更多精确有效的信息。当目标移动时,树中的一些节点与目标越来越远。为了节能,大部分传感器节点在目标出现前保持睡眠状态。Root 将预测出目标移动的方向并且激活目标可能出现位置区域内的一组节点,只要目标一出现,这组节点就可以探测到目标。当目标移动时 Root 需要重新被选取。DCTC 算法要求节点位置的准确定位,否则会带来明显的估计目标位置和唤醒控制的偏差。由 SA 算法和 DCTC 算法可以看出面向目标跟踪的唤醒控制采用集中控制,各节点将目标信息交由 Leader 节点生成目标空间预测并控制各节点的唤醒。面向目标跟踪的节点唤醒控制采用局部中心的控制策略,并假设目标已经发现,且建立在预测定位基础之上,而节点定位误差将直接导致目标定位误差,严格依赖于精确地节点定位。

基于网络拓扑的策略[9,13],同时具有目标预警和跟踪功能。Ye F 提出了PEAS(Probing Environment and Adaptive Sleeping)算法[6]。该算法将监测区域分为若干个簇,每个簇内的传感器节点周期性选择一个监督节点(Guard),选定的Guard 节点在随机唤醒和休眠工作模式下负责探测和提供目标信息,当发现目标后再唤醒周围的节点,这实际上是一种局部集中式结构,是基于目标预警策略和目标跟踪策略的简单组合。但是在当前技术水平下,由于体积、成本等因素的限制,无线传感器网络的通信、感知等模块都存在很大的不确定性,导致传感器节点具有较高的虚警率和较低的探测概率,而 PEAS 方法由于对虚警过于敏感,在这种情况下几乎失效。

在一些生物群体(如蚁群)中,每个个体的感知、处理、记忆和交流能力都非常有限,因此没有能力单独实现整个任务。但是,通过看似简单的个体之间的协同,可以实现整个任务[14-19]。最近几年,诸多学者投入到群集智能的分布式最优化,特别是蚁群优化[20-28]算法的研究中。仿生建模有许多优点,例如,每个个体只需做简单的响应，不需要进行复杂的计算、记忆或沟通，因此，每个节点的能量消耗是非常有限的。群集智能，如人工蚂蚁，具有正反馈机制，支持任务快速切换。尽管每个个体具有非常有限的感知能力，但是整个群体依然可以实现复杂的任务。

最近，基于仿生算法的无线传感器网络建模已经做了很多工作，如协同路由[29]、操作系统设计[30]、线程管理[31]、时间同步[32]和传感器运行策略[33]。如果有 n 个传感器节点，每一拍的最优控制调度将从 2^n 种可能中选择。显然，这是一个组合优化问题，这也促使我们从蚁群优化中寻求解决办法。因此，在这本章中，我们提出了一种基于蚁群仿生优化算法的节点唤醒控制联合预警和跟踪策略[34]。每个传感器节点建模为一只蚂蚁，目标探测的问题建模为蚂蚁发现食物。一旦发现了食物，蚂蚁会释放信息素。目标信息的交流通信、失效和融合建模为信息素扩散、消失和积累的过程。由于积累的信息素可以衡量目标的存在性，可以用来确定蚂蚁下一轮搜索活动的概率。这是首次将基于仿生的思想用于无线传感器网络中节点唤醒控制，有多个可取的优势：首先，是分布式的，不需要中心控制节点或簇首。因此避免了由簇首失败所带来的问题，同时节省了选择簇首的通信消耗；其次，它对虚警率具有很强的鲁棒性，因为信息素是基于时间和空间的积累，从而用于唤醒控制更为可靠；第三，该方法不需要知道节点位置；最后，该方法同时具有目标预警和跟踪的功能，基于信息素的正反馈机制可以实现预警和跟踪任务之间的快速切换。

5.2　问　题　提　出

在提出本章研究问题之前，先对无线传感器网络目标预警与跟踪任务中的目标模型、探测模型、通信模型及时间同步模型进行定义。

目标模型：考虑目标出现的时间地点随机且未知，随机运动任意时间后消失的情况，这是一类最难的目标探测情形，因为目标毫无运动规律可言，此类情形对保守衡量探测能力也是最严峻的考验。

探测模型：考虑二值同类传感器网络，具有相同配置的传感器节点，即探测范围、通信范围等相同。在"接收/发送"阶段，处于唤醒状态的传感器节点输出"1"，代表其在探测范围内，以 P_d 的探测概率发现真实目标，或者以 P_f 的虚警概率发现虚假目标存在。相对应的，传感器节点输出"0"，代表其在探测范围内没有目标出现。尽管这是一类最简单的基本配置，但仍然极具挑战意义，因为没有超级节点支持密集复杂度的中心处理与控制，没有移动簇节点提供额外信息，也没有辅助节点可以提供冗余的目标位置和属性信息。

通信模型：一旦节点发现了目标，就会通知周围邻居节点，有效通信区域是以节点为圆心，通信距离为半径的圆形区域。假设节点通信距离小于等于单跳通信半径，相邻节点可以不依靠数据路由而直接通信。

时间同步模型：无线传感器网络中，每个节点内部时间戳需要周期性同步以实现节点之间协同。同其他 RA[6]，SA[7]，DCTC[8]和 PEAS-based[10]算法相同，本章采用通用的基于拍的时间同步协议，即 S-MAC 协议[16]。其工作周期如图 5.3所示。

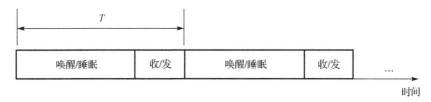

图 5.3　传感器节点时间同步工作周期

从图中可以看出节点在每个 T 周期内有两个工作阶段：在唤醒/睡眠阶段，节点根据唤醒概率随机决定唤醒或休眠，当处于唤醒状态时，节点打开探测模块开始进行目标探测，而处于休眠状态时，节点将关闭探测模块以节省能量；在收/发阶段，节点接收同步信息，并且只有发现了目标节点才发送目标信息给邻居节点。除了发送信息外，每个节点还将周期性地与邻居节点进行通信保证时间同步，由于此类时间同步是独立于应用层面的节点唤醒控制，故而在本章唤醒策略控制设计中不予考虑。

本算法的目标是实现每一拍每个节点唤醒控制，以完成在能耗—效率折中下的分布式目标预警和跟踪。在这里，"唤醒"仅指传感器模块唤醒，因为通信模块只工作在"接收/发送"阶段。

值得一提的是有可能实现传感器模块和通信模块分别唤醒控制。但基于拍的同步协议在节省通信消耗方面已是非常有效的，由于通信模块不工作在"唤醒/休眠"阶段，只工作在"接收/发送"阶段(包括发送、接收、空闲侦听这几个状态)，而在一拍中"唤醒/休眠"阶段时间远远长于"接收/发送"阶段。换句话说，通信模块的能源消耗已通过基于拍的同步协议得到了有效节省。因此，本章重点考虑探测模块的分布式唤醒控制。

尽管相同操作时间下，探测模块比通信模型消耗的能量少得多，是否有必要进行探测模块唤醒控制优化值得质疑，但在我们看来，进行探测模块唤醒控制仍然十分有必要。首先，通信模块在"唤醒/休眠"阶段处于休眠状态占据了时间拍的大部分比例，因此实际上通信模块工作时间是远小于探测模块工作时间的；其次，本章所提出的唤醒控制策略不仅可以降低探测模块能量消耗，还可以避免由错误节点发现目标所引起的一系列能量消耗，包括数据存储、处理和消息发送等。因此节点唤醒控制有望避免冗余的目标探测和信息传送，进而降低通信的能量消耗。

5.3　算法实现

如果将 WSNs 中的海量节点视为蚁群中的蚂蚁，每只蚂蚁都分别具有一定的探测和计算能力，将节点间的通信看作蚂蚁间信息的传递，则通过蚁群间的协同就有可能以群集智能的方式实现 WSNs 的自组织。本章构造了一种基于蚂蚁的无线传感器网络自组织算法（以下简称"蚁群算法"），将 WSNs 自组织问题映射为分布式群集智能优化方法，通过对节点唤醒概率的优化实现在消耗较少能量的前提下，对目标保持较好的探测能力。

蚁群算法中，每个传感器节点被认为是一只蚂蚁，而目标被认为是需要被发现的运动中的食物。蚂蚁在搜索区域随机走动搜索食物视为节点在其探测范围内随机探测目标；蚂蚁的搜索区视为节点的探测范围，即以节点为圆心，探测距离为半径所形成的圆；蚂蚁在搜索区内发现食物的概率视为检测概率 P_d，即该节点在探测范围内探测到目标的概率；蚂蚁在探索区内错误地判断食物存在的概率，为虚警概率 P_f，即节点在目标不存在时认为目标存在的概率。更详细的对应关系如表 5.1 和表 5.2 所示。

表 5.1　WSN 参数对照表

WSN 参数	蚁群模型参数	变量
目标	运动的食物	—
j-th 传感器节点	j-th 蚂蚁	A_j
探测距离	搜索半径	s
通信距离	局部协同半径	R_c
探测范围内发现目标的概率	蚂蚁在搜索范围内发现食物的概率	P_d
节点虚报目标存在的概率	蚂蚁在搜索范围内虚报食物存在的概率	P_f

表 5.2　行为对照表（第 j 节点或蚂蚁）

WSN 中的行为	蚂蚁觅食中的事件	符号
探测模块"唤醒"还是"休眠"	蚂蚁是否发现食物	$S_j(k)=1$ 或 0
目标是否在探测区域内	食物是否在搜索区域内	$E_j(k)=1$ 或 0
是否发现目标	确认食物存在与否	$D_j(k)=1$ 或 0
节点之间通信传递目标信息	释放信息素	$\tau_j(k)=1$
目标信息失效	信息素衰减	—
目标信息融合	信息素积累	—

通过建立节点探测和蚂蚁搜索之间的对应关系，WSNs 节点唤醒控制问题可以转化分布式蚂蚁觅食活动。本章提出的基于蚁群优化算法的 WSNs 节点唤醒控制策略，算法流程图如图 5.4 所示。

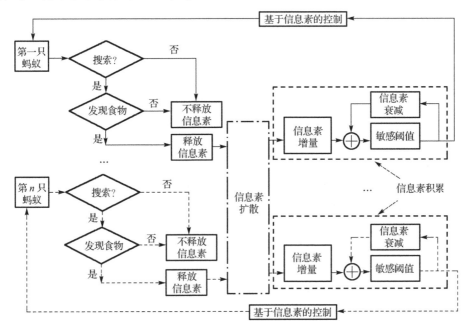

图 5.4　蚁群算法的流程图

从图中可以看出，该算法由蚂蚁搜索、信息素释放、信息素积累、基于信息素的控制构成。在蚂蚁搜索环节，蚂蚁根据其搜索概率进行随机搜索或不搜索。如果蚂蚁处于"搜索"状态，它会在搜索范围内随机运动以搜索可能出现的食物，否则将静止不动。在信息素释放环节，蚂蚁如果发现食物就会释放信息素。在信息素扩散环节，新释放的信息素会扩散，均匀分布在这只蚂蚁的周围区域内，这种信息素扩散的过程视为通过节点通信进行目标信息的传播。在信息素积累环节，信息素增加有两个来源，最近扩散的信息素和以前扩散的信息素。在基于信息素的控制环节，信息素可以衡量食物存在的可能性，用来确定蚂蚁在下一拍的搜索概率。下面将详细描述该算法。

5.3.1　蚂蚁搜索

蚂蚁的状态定义为

$$S_j(k) = \begin{cases} 1, & \text{蚂蚁} A_j \text{在第} k \text{拍处于搜索状态} \\ 0, & \text{其他} \end{cases} \tag{5-1}$$

其中，A_j 代表第 j 只蚂蚁。在第 k 拍，该事件 "$S_j(k)=1$" 发生的概率为搜索概率 $w_j(k)$，由 $k-1$ 拍决定。"蚂蚁搜索" 环节可以由下面的伪代码描述

```
{
    For  j = 1:n            // n是节点总数
        生成一个[0,1]之间均匀分布的随机样本 sⱼ(k)
        If  sⱼ(k) ≤ wⱼ(k) then Sⱼ(k) = 1
        Else  Sⱼ(k) = 0
        End
    End
}
```

如果蚂蚁未处于搜索状态，就要等到下一轮，因此可以节省能源供以后使用。否则，蚂蚁在搜索范围内随机运动，寻找食物。

5.3.2 信息素释放

蚂蚁在两种情况下确认食物存在：第一种情况是食物存在并且蚂蚁发现了它，这一事件描述为节点探测概率 P_d；第二种情况是食物不存在，但蚂蚁产生了错误判断，这一事件描述为节点虚警概率 P_f。蚂蚁一旦确认食物存在，就释放一个单位的信息素增量并停止本轮的搜索活动。食物存在的定义如下

$$E_j(k)=\begin{cases}1, & \text{第}k\text{拍食物存在于蚂蚁}A_j\text{的搜索区域内} \\ 0, & \text{其他}\end{cases} \tag{5-2}$$

蚂蚁认为食物存在的定义如下

$$D_j(k)=\begin{cases}1, & \text{蚂蚁}A_j\text{在第}k\text{拍认为在搜索区域内存在食物} \\ 0, & \text{其他}\end{cases} \tag{5-3}$$

如果第 j 个蚂蚁认为食物存在，那么它会释放一个单位的信息素增量

$$\tau_j(k)=\begin{cases}1, & D_j(k)=1 \ \forall j=1,\cdots,n \\ 0, & \text{其他}\end{cases} \tag{5-4}$$

释放信息素意味着该蚂蚁将目标存在的信息告知周围邻居。"信息素释放" 模拟节点探测活动定义如下

$$P\{D_j(k)=1\}=\begin{cases}P_d, & \text{if } (S_j(k)=1)\&(E_j(k)=1)) \\ P_f, & \text{if } (S_j(k)=1)\&(E_j(k)=0)) \\ 0, & \text{if } (S_j(k)=0)\end{cases} \tag{5-5}$$

该环节伪代码如下

```
{
    If   S_j(k) = 1  and   E_j(k) = 1   then
        生成一个[0,1]之间均匀分布的随机样本 d_j(k)
        If   d_j(k) ≤ P_d, then   D_j(k) = 1 and τ_j(k) = 1;   end
    Else if   S_j(k) = 1  and   E_j(k) = 0   then
        生成一个[0,1]之间均匀分布的随机样本 f_j(k)
        If   f_j(k) ≤ P_f, then   D_j(k) = 1 and τ_j(k) = 1; end
    Else
        D_j(k) = 0  and  τ_j(k) = 0
    End
}
```

值得注意的是，"信息素释放"环节代表传感器的行为活动，并不在本章节点唤醒控制算法设计之内。

5.3.3　信息素扩散

定义蚂蚁 A_j 的邻居蚂蚁集合为

$$\text{vicinity}(j) = \{i \mid i \in \| l_i - l_j \| \leqslant R_c\} \quad j = 1, \cdots, n \tag{5-6}$$

其中，l_j 表示第 j 只蚂蚁的空间位置，协作范围 R_c 是通信半径。定义 $|\text{vicinity}(j)|$ 为 vicinity(j) 范围内的蚂蚁数。通过与邻居节点周期性进行时间同步，所以节点可以知道它的邻居节点和 $|\text{vicinity}(j)|$ 的数目。值得指出的是 $|\text{vicinity}(j)|$ 是动态更新的，以便适应 vicinity(j) 的变化，例如，由于节点失败导致的变化。蚂蚁 A_j 最新释放的信息素会扩散到周围邻近地区，以最终在附近地区 vicinity(j) 内达到均匀分布。蚂蚁 A_j 最新释放的信息素浓度为 $\tau_j(k)/|\text{vicinity}(j)|$。信息素扩散可视为食物信息的传播。

5.3.4　信息素的积累

蚂蚁 A_j 的信息素浓度来源于两方面。一方面来源于自己和/或它的邻居最近释放的信息素 $\Delta I_j(k)$

$$\Delta I_j(k) = \sum_{i \in \text{vicnity}(j)} (\tau_j(k)/|\text{vicinity}(j)|) \tag{5-7}$$

另一个来源是先前释放信息素的残留量。以前释放的信息素浓度 $I_j(k-1)$ 随着时间而减少，在第 k 轮的剩余量为 $(1-\rho)I_j(k-1)$，其中，$\rho \in [0,1]$ 是损失率。

根据最大和最小蚁群系统中提到的信息素应该是有界的，最后的信息素浓度由下式给出

$$I_j(k) = \min\left\{I_j^{\max}, \max\left\{I_j^{\min}, (1-\rho)I_j(k-1) + \Delta I_j(k)\right\}\right\} \tag{5-8}$$

其中，$I_j^{\max}$ 和 $I_j^{\min}$ 是 A_j 搜索区域内的最大和最小信息素，相应的参数设计在 5.3.5 节中详细介绍；初值 $I_j(0)$ 选为最小值 $I_j^{\min}$。

5.3.5　基于信息素的控制

信息素越高意味着食物存在的概率越大。因此，搜索概率应随着信息素浓度增大而增加，因为蚂蚁与食物越接近，就应具有更高的搜索可能性。信息素浓度与"搜索概率"之间的线性映射如下

$$w_j(k) = I_j(k) / I_j^{\max} \qquad j = 1, \cdots, n \tag{5-9}$$

根据搜索概率的定义，蚂蚁随机决定它是否在 $k+1$ 拍寻找食物，$w_j(0)$ 被初始化为最低值 $I_j^{\min} / I_j^{\max}$。

应该注意的是本书提出的传感器节点唤醒控制方法并不是一种标准的蚁群算法。首先，由于食物不可移动，标准蚁群算法中最佳算法是最短路径，是静态的和确定的，然而，本书提出的优化方法具有暂态动态性和随机性，因为食物本身是随意移动的；其次，与标准蚁群算法中蚂蚁可以在整个搜索空间中移动不同，本书提出的方法中，蚂蚁的随机移动在局部搜索空间是有限的；第三，在本书提出的方法中，信息素决定了蚂蚁是否会进行随机搜索，而不是像标准方法中决定哪条搜索路径。

本书提出的传感器节点唤醒控制方法有很多有趣的特点。首先，目标实现是不需要任何上一级的分配指令的。因此对节点和通信失败有很强的鲁棒性。与此同时，不需要由于选择簇首节点而引起额外的通信消耗；其次，它不需要节点的位置信息；第三，蚁群协同优化的正反馈机制支持"唤醒"和"睡眠"之间的快速切换；第四，唤醒控制的信息素是在时间和空间上积累起来的，所以唤醒控制对虚警有很强的鲁棒性。

5.4　参　数　设　计

参考文献[22]中指出适当选择最小和最大信息素可以显著提高蚁群算法搜索目标的能力。然而，这两个参数在上述文献算法中是先验已知的[22]。在该部分给出了两个定理，根据探测任务来解析设计这两个参数 $I_i^{\min}$ 和 $I_i^{\max}$。

定理 1　考虑同类型二值无线传感网络中的传感节点有相同的结构。传感器网络一旦布置后，节点不再移动。节点输出二值结果：目标存在或目标不存在。考虑目标位置在监控区域内独立均匀分布，此时在置信度 β 下可以给出

(a) $$|\Psi(k)| \leqslant M_{max} \qquad (5\text{-}10)$$

其中，M_{max} 满足

$$pmf_1(M_{max}-1) < \beta \leqslant pmf_1(M_{max}) \qquad (5\text{-}11)$$

$$pmf_1(M) \underset{=}{\triangle} P\{|\,\text{vicinity}(j)\,| \leqslant M\} = \sum_{r=0}^{M} \frac{e^{-\lambda_1}\lambda_1^{\,r}}{r!} \qquad (5\text{-}12)$$

$$\lambda_1 = n\pi R_c^{\,2}/\|\Omega\| \qquad (5\text{-}13)$$

(b) $$I_j^{max} = M_{max}(P_f + \pi s^2 P_d(1-P_f)/\|\Omega\|)/(\rho|\text{vicinity}(j)|) \qquad (5\text{-}14)$$

其中，$\Psi(k)$ 是圆 $R(k)$（$R(k)$ 以目标位置为圆心，探测距离 s 为半径）中传感器节点的集合；$|\Psi(k)|$ 是 $\Psi(k)$ 中节点数目；$|\text{vicinity}(j)|$ 是公式 (5-6) 中 $\text{vicinity}(j)$ 集合内的传感器节点总数；n 是监测区域内传感器节点总数；R_c 是公式 (5-6) 中局部通信距离；$\|\Omega\|$ 是监测区域 Ω 的总面积；P_d 是每个传感器节点的探测概率；P_f 是每个节点的虚警率；ρ 是损耗系数。

在定理 1 中指出，最大信息素 I_j^{max} 是三类变量的函数：第一类变量包括 WSNs 的参数，比如虚警率、探测概率、探测距离和传感器节点的数量；第二类变量包括环境参数，比如监测区域的面积；第三类变量包括蚁群算法的参数，比如局部通信距离和信息素损失率。

定理 2　考虑同类型二值无线传感网络中的传感节点有相同的结构。传感器网络一旦布置后，节点不再移动。节点输出二值结果：目标存在或目标不存在。如果 k 拍监控区域内存在目标，以 $1-\alpha$ 的置信度存在，则

(a) $$|\Psi(k)| \geqslant M_{min} \qquad (5\text{-}15)$$

其中，M_{min} 满足

$$pmf_2(M_{min}) \leqslant \alpha < pmf_2(M_{min}+1) \qquad (5\text{-}16)$$

$$pmf_2(M) \underset{=}{\triangle} P\{|\Psi(t)| \leqslant M\} = \sum_{r=0}^{M} \frac{e^{-\lambda_2}\lambda_2^{\,r}}{r!} \qquad (5\text{-}17)$$

$$\lambda_2 = n\pi s^2/\|\Omega\| \qquad (5\text{-}18)$$

(b) $$I_j^{min} = \frac{M_{max}(P_f + \pi s^2 P_d(1-P_f)/\|\Omega\|)(1-(1-P_{min})^{\frac{1}{M_{min}}})}{\rho|\text{vicinity}(j)|(P_d+(1-P_D)P_f)} \qquad (5\text{-}19)$$

其中，$\Psi(k)$ 是圆 $R(k)$（$R(k)$ 以目标位置为圆心，探测距离 s 为半径）中传感器节点

的集合；$|\Psi(k)|$ 是 $\Psi(k)$ 中节点数目；$|\text{vicinity}(j)|$ 是公式 (5-6) 中 vicinity(j) 集合内的传感器节点总数；n 是监测区域内传感器节点总数；R_c 是公式 (5-6) 中局部通信距离；$\|\Omega\|$ 是监测区域 Ω 的总面积；P_d 是每个传感器节点的探测概率；P_f 是每个节点的虚警率；ρ 是损耗系数，$P_{\min}$ 是最小预警概率，$M_{\max}$ 由定理 1 给出。

在定理 2 中指出，最小信息素是四类变量的函数：第一类变量包括 WSNs 的参数，比如虚警率、检测概率、探测距离和传感器节点的数量；第二类变量包括环境参数，比如监测区域的面积；第三类变量包括蚁群算法的参数，比如局部通信距离；第四类变量包括性能指标变量，比如最小预警概率。

上述仿生传感器唤醒控制算法的两个参数设计定理反映了以下两个事实。

(1) 参数设计依赖于环境参数、WSNs 参数以及性能需求。

(2) 利用环境、WSNs 和性能需求等信息进行参数设计，该方法将会有较强的适应性。

注：为保持该章节内容连贯性，特把定理 1 及定理 2 的证明放在 5.6 节，感兴趣的读者可参考。

5.5　算法仿真结果比较

与文献[6]、[35]类似，考虑由 500 个二值传感器节点组成的无线传感网络，节点在 200m×200m 的平面区域内随机均匀分布。所有传感器节点具有相同的配置：$R_c = 30\text{m}$，$s = 15\text{m}$，$P_d = 0.9$，$P_f = 0.05$ 以及 $P_{\min} = 0.3$。目标随机从任意位置进入该监测区域，然后受零均值、方差为 $400\ \text{m}^2$ 的高斯噪声驱动开始布朗运动，持续 10 拍。目标在第 20 拍出现，在第 120 拍消失。

在本章基于蚁群算法的唤醒控制策略中，利用上述两个定理，得出最大和最小信息素。设 $\rho = 0.4$，$I_i(0) = I_i^{\min}$。引言部分介绍的两种先进的传感器节点唤醒控制策略用于算法比较。一种是基于拓扑结构的 PEAS 算法，其参数设置与文献[6]相同。算法开始时利用标准的 PEAS 方法选择 leader 节点。另外一种策略就是以预警为目的的 RIS 算法。我们考虑三种 RIS 算法：高概率 RIS 算法、中概率 RIS 算法、低概率 RIS 算法，其唤醒概率分别为 1、0.5、0.077。高概率 RIS 算法表示所有节点都处于唤醒状态，从而可以达到探测能力的上限，但同时能量消耗也最大；低概率 RIS 算法（即唤醒概率取最低值）代表了探测能力的下限，同时能量消耗最低；中概率 RIS 算法介于高概率 RIS 算法和低概率 RIS 算法之间。以跟踪为目标的策略未做考虑，因为这类算法需要节点定位。图 5.5 是唤醒传感器节点数目的时间曲线图。

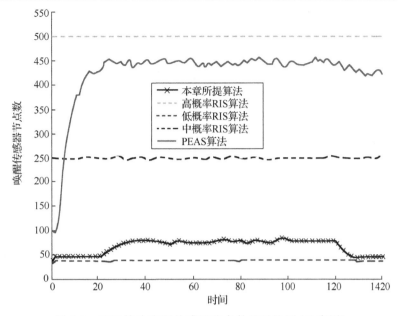

图 5.5　不同算法唤醒传感器节点数目对比图（见彩图）

如图 5.5 所示，在目标探测和跟踪过程中，这三类 RIS 方案的唤醒传感器节点数量是恒定的。这是由于节点间缺乏协同，它的唤醒策略无法辨别目标探测和跟踪过程。结果表明 PEAS 算法在初始化后有 100 个 leader 节点。虽然在区间[0,20]之间没有目标，但由于传感器虚警，PEAS 算法使得唤醒传感器节点显著增加到 400 多个。

目标未出现时，即在区间[0,20]、[120,140]，本章所提算法唤醒传感器节点数目接近低概率 RIS 算法，如图 5.5 所示。这验证了所提参数设计定理的有效性。当目标出现后（区间[20,120]），唤醒传感器节点增多。这证实了本章所提出的唤醒控制策略可以实现目标探测与跟踪任务之间的切换。所提方法中唤醒传感器节点数目比 PEAS 算法要少得多，因为该方案充分利用了时间和空间积累的目标信息，因此对虚警有很强的鲁棒性。120 拍之后目标离开监测区域，所提方案中唤醒传感器节点数目迅速回到最小值。这表明信息素积累的正反馈机制支持目标预警与跟踪任务之间的快速切换。

图 5.6 给出了有效唤醒传感器节点的数目，即真实发现了目标的节点数目。PEAS 算法曲线和高概率 RIS 算法曲线几乎完全重叠，这说明它们几乎唤醒了所有有效节点。这是因为 PEAS 方案中几乎所有有效传感器节点都被唤醒，以获得最佳预警效果。然而，正如图 5.7 所显示，PEAS 算法和 3 类 RIS 算法中有效唤醒传感器节点数与所有唤醒传感器节点数的比值几乎相同，这比本章所提方案要小得多。

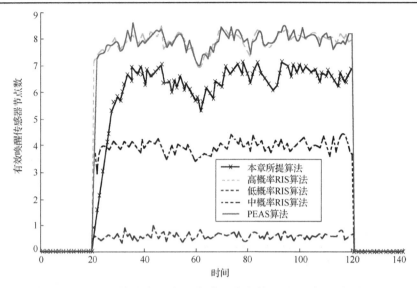

图 5.6　不同算法有效唤醒传感器节点数目对比图（见彩图）

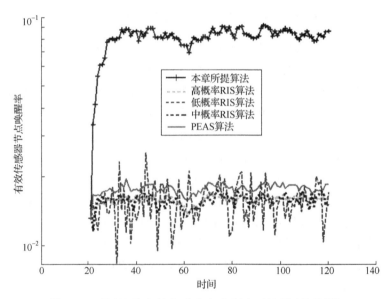

图 5.7　不同算法有效传感节点唤醒率对比图（见彩图）

图 5.8 给出了不同算法目标位置估计误差，即实际目标位置与有效唤醒传感节点质心之间的距离。PEAS 算法和低概率 RIS 算法再一次达到了位置估计误差的下限，因为所有有效传感器节点都被唤醒。

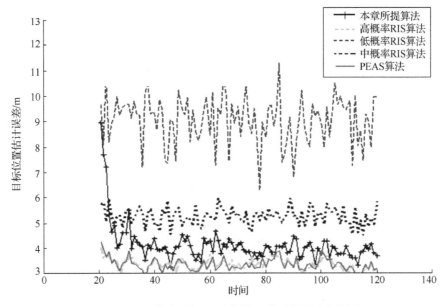

图 5.8　不同算法目标位置估计误差对比图(见彩图)

　　正如图 5.5 和图 5.8 所显示，所提方案仅利用了约 80 个传感器节点，便达到了定位误差的下界，而 RIS 算法则需要 500 个唤醒传感器节点，PEAS 算法需要 450 个唤醒传感器节点。

　　图 5.9 中发送消息的数量是一个关键的性能指标，它代表了协同感知所引起的通信负担。因为 RIS 策略缺乏协作，所以高概率 RIS 算法、中概率 RIS 算法、低概率 RIS 算法三种方案都不需要发送任何有关目标信息的消息用于唤醒控制。可以看出，与 PEAS 算法相比，本章所提方法显著降低了发送消息的数量，因为在此方法中只有确认目标存在的节点(无论它真实发现目标还是虚警发现目标)才会发送消息。

　　PEAS 算法通过节点协同尽可能多地收集目标信息，从而达到有效节点开机数量和位置估计精度的上限。与此不同，本章所提方案对每个节点在目标存在概率下，递归地累积目标的时间和空间信息。这种联合时间——空间累积信息的过程对虚假警报具有较高的鲁棒性，累积的目标信息可以可靠地、有效地唤醒正确的节点，因此探测和通信的能量损耗都得到了保证。

　　除了上述目标做布朗运动的仿真结果外，我们也做了一些实验：①跟踪匀速运动(CV)的目标；②跟踪两个交叉匀速运动(CV)目标。仿真结果分别如图 5.10～图 5.12 和图 5.13～图 5.15 所示，图中左列是本章所提算法的仿真结果图，右列是 PEAS 算法的仿真结果图。在这一组对比中，没有采用 RIS 算法，因为 RIS 算法的每个节点都是以一定的唤醒概率随机独立开机，所以唤醒节点在空间是均匀分布的。为节省篇幅，此处只给出了具有代表性的几拍唤醒结果。在图 5.10～图 5.12 中，"*"代表有效唤醒节点，即处于"唤醒"状态并发现了目标；"+"代表无效的唤醒节点，即处于"唤醒"状态但并没发现目标；"."代表处于"睡眠"状态的节点。本章所提方案中目标用"□"标识，而 PEAS 算法中目标用"■"标识。通过统计"*"的数目并判断"*"围绕目标的密集度，我们可以大致评估两种方案预警和跟踪目标的性能。通过统计"+"的数目，我们可以大致评估无效的能量损耗。很明显，两种方案有效节点的数量相似(第一个例子中大约是 7～9 个)，但是本章所提方案中无效的节点数量要少得多(所提方案的无效节点数大概为 50 个，而 PEAS 方法大概有 120 个无效节点)。

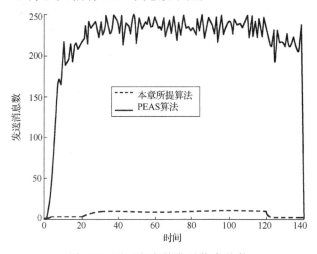

图 5.9　不同方案的发送信息总数

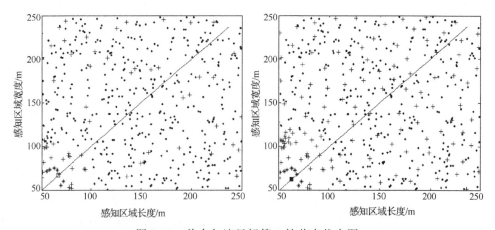

图 5.10　单个匀速目标第 8 拍节点状态图

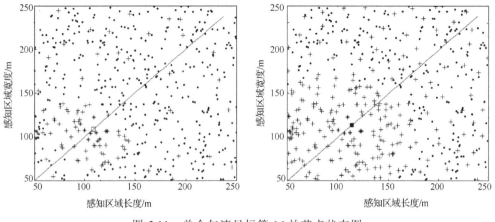

图 5.11　单个匀速目标第 14 拍节点状态图

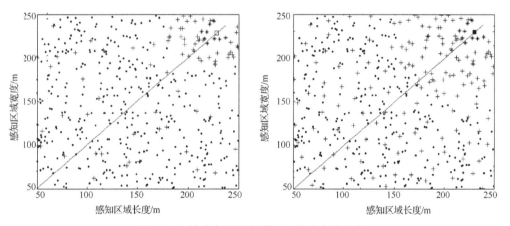

图 5.12　单个匀速目标第 39 拍节点状态图

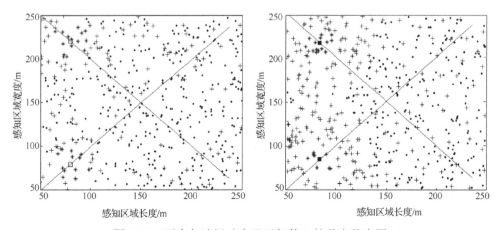

图 5.13　两个匀速运动交叉目标第 8 拍节点状态图

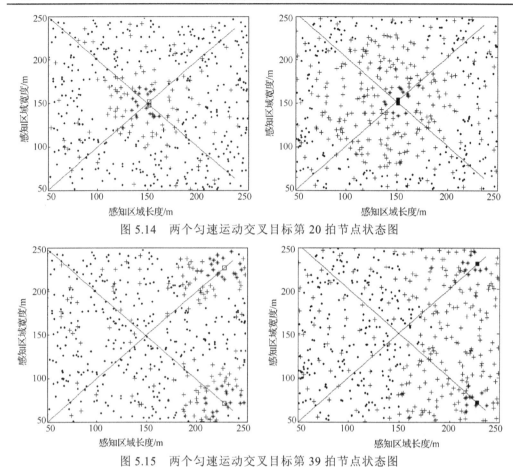

图 5.14 两个匀速运动交叉目标第 20 拍节点状态图

图 5.15 两个匀速运动交叉目标第 39 拍节点状态图

5.6 定 理 阐 述

5.6.1 定理 1 和定理 2 中各项参数的定义

定义 $P\{\ \}$ 和 $P\{\ |\ \}$ 分别代表先验概率和条件概率。由真实目标触发的食物存在指示器定义为

$$T_j(k) = \begin{cases} 1, & \text{第 } k \text{ 拍真实目标存在下，蚂蚁} A_j \text{发现目标} \\ 0, & \text{其他} \end{cases} \tag{5-20}$$

由其他干扰触发的食物存在指示器定义为

$$C_j(k) = \begin{cases} 1, & \text{第 } k \text{ 拍真实目标不存在时，蚂蚁} A_j \text{发现目标} \\ 0, & \text{其他} \end{cases} \tag{5-21}$$

由公式(5-3)、公式(5-20)、公式(5-21)，我们可以将食物存在指示器表示为

$$D_j(k) = \begin{cases} 1, & T_j(k) = 1 \\ 1, & T_j(k) = 0 \text{ 且 } C_j(k) = 1 \\ 0, & T_j(k) = 0 \text{ 且 } C_j(k) = 0 \end{cases} \tag{5-22}$$

传感器节点的一个重要参数是探测概率 P_d，代表蚂蚁是唤醒的且目标在它的探测范围内，确认目标存在的可能性，定义为

$$P_d = P\{T_j(k) = 1 \mid S_j(k) = 1, E_j(k) = 1\} \tag{5-23}$$

如果一个蚂蚁不开始搜索或者目标不在它的感知范围内，基于目标存在前提下，触发蚂蚁发现食物的可能性是不存在的，即

$$P\{T_j(k) = 1 \mid S_j(k) + E_j(k) \leqslant 1\} = 0 \tag{5-24}$$

传感器的另一个重要参数是虚警率 P_f，代表蚂蚁受到其他干扰而报告目标存在的概率，定义为

$$P_f = P\{C_j(k) = 1 \mid S_j(k) = 1, T_j(k) = 0\} \tag{5-25}$$

如果传感器节点处于睡眠状态或者由真实目标触发 A_j 发现食物，则由其他干扰触发 A_j 发现食物是不存在的，即

$$P\{C_j(k) = 1 \mid S_j(k) - T_j(k) \leqslant 0\} = 0 \tag{5-26}$$

5.6.2　定理 1 的证明

5.6.2.1　确定 $|\text{vicinity}(j)|$ 的上限

考虑目标在预警区域内均匀分布，代表了最少的目标位置先验信息，因此是最难处理的问题。目标出现在一个传感器节点的感知范围内的概率 P_E 为

$$P_E = \pi s^2 / \|\Omega\| \tag{5-27}$$

传感器节点在给定区域内的分布可以建模为一个空间点过程。当 n 比较大且节点是独立均匀分布时，预警区域内散布在任意局域内的传感器节点数量服从泊松分布。也就是说，在预警区域 Ω 内任何一个子集 Θ 的节点数量服从数学期望为 $n\|\Theta\| / \|\Omega\|$ 的泊松分布，其中，$\|\Theta\|$ 和 $\|\Omega\|$ 是 Θ 和 Ω 的面积。因此，我们得到 $\text{vicinity}(j)$ 内的节点数的概率分布函数为

$$pmf_1(M) \triangleq P\{|\text{vicinity}(j)| \leqslant M\} = \sum_{r=0}^{r=M} \frac{e^{-\lambda_1} \lambda_1^r}{r!} \tag{5-28}$$

其中，$\lambda_1 = n\pi R_c^2 / \|\Omega\|$。根据置信度 β，我们可以确定 vicinity(j) 内的节点数的上限 $M_{\max}$ 满足

$$pmf_1(M_{\max} - 1) < \beta \leqslant pmf_1(M_{\max}) \tag{5-29}$$

5.6.2.2　确定食物存在概率 $P\{D_j(k) = 1\}$

$P\{D_j(k)=1\}$

$= P\{D_j(k) = 1, S_j(k) = 1\} + P\{D_j(k) = 1, S_j(k) = 0\}$

$= P\{D_j(k)=1, S_j(k)=1\}$（因为"休眠"节点无法探测目标，所以不会报告目标存在）

$= P\{T_j(k) = 1, S_j(k) = 1\} + P\{T_j(k) = 0, C_j(k) = 1, S_j(k) = 1\}$（根据公式(5-22)）

$= P\{T_j(k) = 1, S_j(k) = 1, E_j(k) = 1\} + P\{T_j(k) = 1, S_j(k) = 1, E_j(k) = 0\}$

　$+ P\{T_j(k) = 0, C_j(k) = 1, S_j(k) = 1\}$

$= P\{T_j(k) = 1, S_j(k) = 1, E_j(k) = 1\} + P\{T_j(k) = 0, C_j(k) = 1, S_j(k) = 1\}$

　（因为 $P\{T_j(k)=1, S_j(k)=1, E_j(k)=0\} = 0$，即目标不存在的情况下不会有 $T_j(k)=1$）

$= P\{S_j(k) = 1\} P\{E_j(k) = 1 | S_j(k) = 1\}\ P\{T_j(k) = 1 | S_j(k) = 1, E_j(k) = 1\}$

　$+ P\{S_j(k) = 1\} P\{T_j(k) = 0 | S_j(k) = 1\}\ P\{C_j(k) = 1 | S_j(k) = 1, T_j(k) = 0\}$

$= P\{S_j(k) = 1\} P\{E_j(k) = 1\} P\{T_j(k) = 1 | S_j(k) = 1, E_j(k) = 1\}$

　$+ P\{S_j(k) = 1\} P\{T_j(k) = 0 | S_j(k) = 1\}\ P\{C_j(k) = 1 | S_j(k) = 1, T_j(k) = 0\}$

　（预警过程中，睡眠/唤醒设计之前 $E_j(k)$ 的值是未知的，所以 $S_j(k)$ 的设计与 $E_j(k)$ 无关）

$= w_j(k) P_E P_d + w_j(k) P\{T_j(k) = 0 | S_j(k) = 1\} P_f$

$= w_j(k) P_E P_d + w_j(k) (P\{T_j(k)=0, E_j(k)=1 | S_j(k)=1\} + P\{T_j(k)=0, E_j(k)=0 | S_j(k)=1\}) P_f$

$= w_j(k) P_E P_d + w_j(k) (P\{T_j(k)=0, E_j(k)=1 | S_j(k)=1\} + P\{E_j(k)=0 | S_j(k)=1\}) P_f$

　（利用 $E_j(k) = 0$ 得出 $T_j(k) = 0$）

$= w_j(k) P_E P_d + w_j(k) (P\{T_j(k) = 0, E_j(k) = 1 | S_j(k) = 1\} + P\{E_j(k) = 0\}) P_f$

　（如前面所述，$S_j(k)$ 与 $E_j(k)$ 无关）

$= w_j(k) P_E P_d + w_j(k) (P\{E_j(k)=1 | S_j(k)=1\} P\{T_j(k)=0 | E_j(k)=1, S_j(k)=1\} + 1 - P_E) P_f$

$= w_j(k) P_E P_d + w_j(k) (P\{E_j(k) = 1\}(1 - P_d) + 1 - P_E) P_f$

$= w_j(k) P_E P_d + w_j(k)(1 - P_E P_d) P_f$

$= w_j(k)(P_f + P_E P_d (1 - P_f)) \tag{5-30}$

5.6.2.3 确定最大信息素阈值

公式(5-7)中信息素增量可以写为

$$\Delta I_k(t) = \sum_{j \in \text{vicinity}(k)} (\tau_j(t)/|\text{vicinity}(j)|) = \sum_{j \in \text{vicinity}(k)} (1/|\text{vicinity}(j)|)P\{D_j(k)=1\} \quad (5\text{-}31)$$

将公式(5-30)代入公式(5-31)，得到

$$\Delta I_k(t) = \sum_{j \in \text{vicinity}(k)} (1/|\text{vicinity}(j)|)w_j(k)(P_f + P_E P_d(1-P_f))$$

通过置信度 β 得到

$$\Delta I_k(t) \leq M_{\max}(1/|\text{vicinity}(j)|)w_j(k)(P_f + P_E P_d(1-P_f)) \qquad （根据公式(5\text{-}30)）$$

$$\leq M_{\max}(P_f + P_E P_d(1-P_f))/|\text{vicinity}(j)| \underline{\underline{\Delta}} H \qquad （因为 w_j(k) \leq 1）$$

公式(5-8)中最终累积的信息素为

$$I_j(t+1) = \min\{I_j^{\max}, \max\{I_j^{\min}, (1-\rho)I_j(t)+\Delta I_j(t)\}\} \leq \min\{I_j^{\max}, \max\{I_j^{\min}, (1-\rho)I_j^{\max}+H\}\}$$

因此，我们可以确定 $I_j^{\max}$ 为

$$I_j^{\max} = \min\{I_j^{\max}, \max\{I_j^{\min}, (1-\rho)I_j^{\max}+H\}\}$$
$$\Rightarrow I_j^{\max} = (1-\rho)I_j^{\max} + H \qquad\qquad (5\text{-}32)$$
$$\Rightarrow I_j^{\max} = H/\rho = M_{\max}(P_f + P_E P_d(1-P_f))/(\rho|\text{vicinity}(j)|)$$

将公式(5-27)代入公式(5-32)，得到公式(5-14)。

证毕 ■

5.6.3 定理 2 的证明

5.6.3.1 确定预警概率

预警概率 $P_g(k)$ 为

$$P_g(k) \underline{\underline{\Delta}} P\{第k拍目标被集合 \Psi(k)内的节点发现\}$$

$$= 1 - P\{第k拍目标未被集合 \Psi(k)内的节点发现\}$$

$$= 1 - \prod_{A_j \in \Psi(k)} P\{D_j(k)=0 \mid E_j(k)=1\}$$

$$= 1 - \prod_{A_j \in \Psi(k)} (1 - P\{D_j(k)=1 \mid E_j(k)=1\})$$

$$= 1 - \prod_{A_j \in \Psi(k)} (1 - P\{T_j(k)=1, S_j(k)=1 \mid E_j(k)=1\} - P\{T_j(k)=0, C_j(k)=1, S_j(k)=1 \mid E_j(k)=1\})$$

$$(5\text{-}33)$$

现在需要确定公式 (5-33) 右边的两个概率。第一个概率可以推导如下

$$P\{T_j(k)=1, S_j(k)=1 \mid E_j(k)=1\} = P\{S_j(k)=1 \mid E_j(k)=1\} P\{T_j(k)=1 \mid E_j(k)=1, S_j(k)=1\}$$

$$= P\{S_j(k)=1\} P\{T_j(k)=1 \mid S_j(k)=1, E_j(k)=1\} \qquad (5\text{-}34)$$

$$= w_j(k) P_d$$

(在预警过程中，睡眠/唤醒模式设计之前 $E_j(k)$ 的值是未知的，所以 $S_j(k)$ 的设计与 $E_j(k)$ 无关)

第二个概率推导如下

$$P\{T_j(k)=0, C_j(k)=1, S_j(k)=1 \mid E_j(k)=1\}$$

$$= P\{T_j(k)=0, C_j(k)=1 \mid E_j(k)=1, S_j(k)=1\} P\{S_j(k)=1 \mid E_j(k)=1\}$$

$$= P\{S_j(k)=1\} P\{T_j(k)=0, C_j(k)=1 \mid E_j(k)=1, S_j(k)=1\}$$

$$= P\{S_j(k)=1\} P\{T_j(k)=0 \mid E_j(k)=1, S_j(k)=1\} P\{C_j(k)=1 \mid E_j(k)=1, S_j(k)=1, T_j(k)=0\}$$

$$= P\{S_j(k)=1\} P\{T_j(k)=0 \mid E_j(k)=1, S_j(k)=1\} P\{C_j(k)=1 \mid S_j(k)=1, T_j(k)=0\}$$

$$= w_j(k)(1 - P_d) P_f$$

$$(5\text{-}35)$$

($T_j(k)$ 已知的情况下，$C_j(k)$ 与 $E_j(k)$ 无关)

将公式 (5-34) 和公式 (5-35) 代入公式 (5-33)，可以得到

$$P_g(k) = 1 - \prod_{A_j \in \Psi(k)} (1 - w_j(k)P_d - w_j(k)(1-P_d)P_f) = 1 - (1 - w_j(k)(P_d + (1-P_d)P_f))^{|\Psi(k)|} \quad (5\text{-}36)$$

5.6.3.2 确定 $|\Psi(t)|$ 的下界

由于节点的随机布局和目标任意运动，$|\Psi(k)|$ 是一个随机变量。因此公式 (5-36) 不能直接计算。这里我们先以一定置信度来得到 $|\Psi(k)|$ 的下界，进而推导出最小唤醒概率。

传感器节点在给定区域内的分布可以建模为一个空间点过程。当 n 比较大且节点是独立均匀分布时，预警区域内散布在任意局域内的传感器节点数量服从泊松分布。也就是说，在预警区域 Ω 内任何一个子集 Θ 的节点数量服从数学期望为 $n\|\Theta\| / \|\Omega\|$ 的泊松分布，其中，$\|\Theta\|$ 和 $\|\Omega\|$ 是 Θ 和 Ω 的面积。因此，我们得到 $R(k)$ 内的节点数目的概率分布函数为

$$pmf_2(M) \underline{\Delta} P\{|\Psi(t)| \leqslant M\} = \sum_{r=0}^{r=M} \frac{e^{-\lambda_2} \lambda_2^{\,r}}{r!} \qquad (5\text{-}37)$$

其中，$\lambda_2 = n\pi s^2 / \|\Omega\|$，$s$ 是节点的探测距离。给定置信度 $1-\alpha$，可以得出 $|\Psi(t)|$ 的下界 $M_{\min}$ 满足

$$pmf_2(M_{\min}) \leqslant \alpha < pmf_2(M_{\min}+1) \tag{5-38}$$

5.6.3.3 确定最小唤醒概率

利用公式(5-37)和公式(5-38)确定$|\Psi(t)|$的下限后，公式(5-36)中的$P_g(t)$可以$1-\alpha$的置信度给出

$$P_g(k) = 1 - (1 - w_j(k)(P_d + (1-P_d)P_f))^{|\Psi(k)|}$$

令$w_0(k) = \min\{w_j(k) \mid j \in \Psi(k)\}$，则有

$$P_g(k) \geqslant 1 - (1 - w_0(k)(P_d + (1-P_d)P_f))^{|\Psi(k)|} \geqslant 1 - (1 - w_0(k)(P_d + (1-P_d)P_f))^{M_{\min}} \tag{5-39}$$

（置信度为$1-\alpha$）

给定最小预警概率$P_{\min}$，可以得到置信度为$1-\alpha$的最少节点布局如下

$$1 - (1 - w_0(k)(P_d + (1-P_d)P_f))^{M_{\min}} \geqslant P_{\min} \Leftrightarrow 1 - P_{\min} \geqslant (1 - w_0(k)(P_d + (1-P_d)P_f))^{M_{\min}}$$

$$\Leftrightarrow w_0 \geqslant \left(1 - (1-P_{\min})^{\frac{1}{M_{\min}}}\right) / (P_d + (1-P_d)P_f)$$

因此可以得到最小唤醒概率$w_{\min}$

$$w_{\min} = \left(1 - (1-P_{\min})^{\frac{1}{M_{\min}}}\right) / (P_d + (1-P_d)P_f) \tag{5-40}$$

用$I_j^{\min}$代替公式(5-8)中的$I_j(k+1)$，公式(5-40)中的$w_{\min}$代替公式(5-8)中的$w_j(k+1)$，将公式(5-32)代入公式(5-8)，可以得到最小信息素$I_j^{\min}$如下

$$I_j^{\min} = \frac{M_{\max}(P_f + P_E P_d(1-P_f))\left(1 - (1-P_{\min})^{\frac{1}{M_{\min}}}\right)}{\rho|\text{vicinity}(j)|(P_d + (1-P_d)P_f)} \tag{5-41}$$

将公式(5-27)代入公式(5-41)，得到公式(5-19)。

证毕。■

5.7 本 章 小 结

本章介绍了一种仿生的无线传感器网络节点唤醒控制方法，用于实现目标联合预警和跟踪。与现有方法相比，本章提出的解决方法有许多优势。首先，本算法是分布式的，无需簇首，因此对于节点和通信失败具有较高的鲁棒性，同时避免了选择簇首所需要的额外通信消耗；其次，用于唤醒控制的信息素是基于时间

和空间的积累量，因此具有较强的抗虚警性，尤其对于复杂的网络环境和有限的节点感知能力，虚警是无法避免的；第三，本章提出的方案不要求节点位置信息。此外，对蚁群算法中两大重要的参数设计定理，以解析方法设计给出了其最小和最大信息素，并且仿真实验证明了该算法的有效性。

本章提出的基于蚁群算法的仿生节点唤醒控制的一个好处是不需要节点位置信息。然而在应用层面，节点定位信息通常是必要的。因此一个有趣的问题是，在本算法中通过引入初始节点定位环节是否有可能进一步减小功耗？从信息融合的观点出发，引入初始节点定位环节，由于更多信息的加入必然导致性能进一步改善，但是如何设计相应的算法需要更深入的研究，因为使用定位信息必将需要额外的计算和存储成本。据我们所知，设计如此的一个初始节点定位环节仍然是一个开放性问题，因为相关的生物学模型还不存在。

在本章所提出的方案中，相邻的节点交互信息和节点唤醒控制都是包含在数据传输中的。在这种情况下，局部通信距离 R_c 小于或等于单跳通信距离（如同仿真实验中的设置），相邻的节点可以直接交换信息，不需要数据路由。当 R_c 大于单跳通信距离但小于 $m(m \geqslant 2)$ 倍的单跳通信距离时，需要进行数据路由，数据传输将在至多 m 步内完成。由于节点唤醒和数据传输是耦合的，因此为本章所提出的仿生传感器节点唤醒控制方案设计一个能耗—性能折中的数据路由方案是一个有趣而又开放的问题。

在本章所提出的方案中，"唤醒"仅代表唤醒传感器模块，因为通信模块只工作在"收/发"阶段。然而，每个节点的能量消耗包含探测模块、计算模块和通信模块，通信模块的能耗是尤其不可忽略的：传送 1bit 信息 100m 的能耗等同于执行 3000 个计算指令的能耗。因此，对传感模块和通信模块的联合唤醒控制进行研究从而进一步降低系统的能耗也是一个值得研究的问题。

参 考 文 献

[1]　Akyildiz I F, Su W, Sankarsubramaniam Y. Wireless sensor networks: a survey. Computer Networks, 2002, 38(4): 393-422.

[2]　Zhang W. A probabilistic approach to tracking moving targets with distributed sensors. IEEE Transaction on Systems, Man, and Cybernetics-Part A, 2007, 37(5): 721-731.

[3]　Zhao F, Shin J, Reich J. Information-driven dynamic sensor collaboration. IEEE Signal Processing Magazine, 2002, 19: 61-72.

[4]　Kumar S, Zhao F, Shepherd D. Collaborative signal and information processing in microsensor networks. IEEE Signal Processing Magazine, 2002, 19(2): 13-14.

[5]　Meguerdichian S, Koushanfar F, Potkonjak M. Coverage problems in wireless Ad-Hoc sensor networks. IEEE Infocom, 2001:1380-1387.

[6]　Chao G, Mohapatra P. Power conservation and quality of surveillance in target tracking sensor networks. International Conference on Mobile Computing and Networking, 2004: 129-143.

[7]　Pattem S, Poduri S, Krishnamachari B. Energy-quality tradeoffs for target tracking in wireless sensor networks. International Workshop on Information Processing in Sensor Networks, 2003:32-46.

[8]　Zhang W, Cao G. DCTC: dynamic convoy tree-based collaboration for target tracking in sensor networks. IEEE Transactions on Wireless Communications, 2004, 3(5): 1689-1701.

[9]　Ye W, Heidemann J, Estrin D. An energy-efficient MAC protocol for wireless sensor networks. IEEE Infocom, 2002: 1567-1576.

[10]　Ye F, Zhong G, Cheng J. Peas: a robust energy conserving protocol for long-lived sensor networks. IEEE International Conference on Network Protocols, 2002: 200-201.

[11]　Cerpa A, Estrin D. ASCENT: adaptive self-configuring sensor networks topologies. IEEE Infocom, 2002.

[12]　Chen B, Jamieson K, Balakrishnan H. Span: an energy-efficient coordination algorithm for topology maintenance in ad hoc wireless network. Wireless Networks, 2002, 8(5): 481-494.

[13]　Schurgers C, Tsiatsis V, Srivastava M. STEM: topology management for energy efficient sensor networks. IEEE International Conference on Aerospace, 2002:78-89.

[14]　Gravagne I A, Marks R J. Emergent behaviors of protector, refugee, and aggressor swarms. IEEE Transactions on Systems, Man, and Cybernetics-Part B, 2007, 37(2): 471-476.

[15]　Bonabeau E, Dorigo M, Theraulaz G. Swarm Intelligence: From Natural to Artificial Systems. Oxford: Oxford University Press, 1999.

[16]　Wehner R, Srinivasan M V. Searching behaviour of desert ants. Journal of Comparative Physiology A: Neuroethology, Sensory, Neural, and Behavioral Physiology, 1981, 42(3): 315-338.

[17]　Wehner R, Gallizzi K, Frei C. Calibration processes in desert ant navigation: vector courses and systematic search. Journal of Comparative Physiology A: Neuroethology, Sensory, Neural, and Behavioral Physiology, 2002, 188(9): 683-693.

[18]　Merkle T, Knaden M, Wehner R. Uncertainty about nest position influences systematic search strategies in desert ants. Journal of Experimental Biology, 2006, 209: 3545-3549.

[19] Srinivasan M V. Animal navigation: ants match as they march. Nature, 1998, 392: 660-661.

[20] Dorigo M, Stützle T. Ant Colony Optimization. MA: MIT Press, 2004.

[21] Dorigo M, Maniezzo V, Colorni A. Ant system: optimization by a colony of cooperating agents. IEEE Transaction on Systems, Man, and Cybernetics-Part B, 1996, 26(1): 29-41.

[22] Stützle T, Hoos H H. Max-min ant system. Future Generation Computer Systems, 2000, 16(9): 889-914.

[23] Verbeeck K, Nowé A. Colonies of learning automata. IEEE Transaction on Systems, Man, and Cybernetics-Part B, 2002, 32(6): 772-780.

[24] Low K H, Leow W K, Ang M H. Autonomic mobile sensor network with self-coordinated task allocation and execution. IEEE Transaction on Systems, Man, and Cybernetics-Part C, 2006, 36(3): 315-327.

[25] Yuan X, Yang S X. Virtual assembly with biologically inspired intelligence. IEEE Transaction on Systems, Man, and Cybernetics-Part C, 2003, 33(2): 159-167.

[26] Wang L, Singh C. Reliability-constrained optimum placement of reclosers and distributed generators in distribution networks using an ant colony system algorithm. IEEE Transaction on Systems, Man, and Cybernetics-Part C, 2008, 38(6): 757-764.

[27] Chen W, Zhang J. An ant colony optimization approach to a grid workflow scheduling problem with various qos requirements. IEEE Transaction on Systems, Man, and Cybernetics-Part C, 2009, 39(1): 29-43.

[28] Konstantinidis K, Sirakoulis G C, Andreadis I. Design and implementation of a fuzzy-modified ant colony hardware structure for image retrieval. IEEE Transaction on Systems, Man, and Cybernetics-Part C, 2009, 38(6): 520-533.

[29] Iyengar S S, Wu H C, Balakrishnan N. Biologically inspired cooperative routing for wireless mobile sensor networks. IEEE Systems Journal, 2007, 1(1): 29-37.

[30] Boonma P, Champrasert P, Suzuki J. BiSNET: a biologically-inspired architecture for wireless sensor networks. The Second IEEE International Conference on Automatic and Autonomous Systems, 2006: 54.

[31] Britton M, Shum V, Sacks L. A biologically inspired approach to designing wireless sensor networks. The Second European Workshop on Wireless Sensor Networks, 2005: 256-266.

[32] Werner-Allen G, Tewari G, Patel A. Firefly-inspired sensor network synchronicity with realistic radio effects. Proceedings of the 3rd International Conference on Embedded Networked Sensor Systems, 2005: 142-153.

[33] Miao L, Qi H, Wang F. Biologically-inspired self-deployable heterogeneous mobile sensor networks. IEEE/RSJ International Conference on Intelligent Robots and Systems, 2005: 2363-2368.

[34] Liang Y, Cao J N, Zhang L. A biologically inspired sensor wakeup control method for wireless sensor networks. IEEE Transaction on Systems, Man, and Cybernetics-Part C, 2010, 40(5): 525-538.

[35] Boukerche A, Fei X, Araujo R B. An energy aware coverage-preserving scheme for wireless sensor networks. Proceedings of the 2nd ACM International Workshop on Performance Evaluation of Wireless Ad Hoc, Sensor, and Ubiquitous Networks, 2005: 205-213.

第6章 基于分布式传染病模型的
无线传感网联合预警与跟踪

6.1 引　言

无线传感网络（Wireless Sensor Networks，WSNs）是集成了监测、控制和无线通信的网络系统[1-4]，传感器节点位置一般固定不动，节点数目甚为庞大，节点分布甚为紧密，节点也容易出现故障，环境干扰和节点故障牵连引起网络拓扑结构的变化。这些特点给目标联合预警与跟踪带来了一系列挑战性的问题，具体如下。

（1）节点数量大，分布范围广。无线传感网络中的节点分布密集，数量庞大，可能达到成千上万，甚至更多，这些节点可以分布在很大的地理区域内，如军事战场[5,6]。

（2）电源能量有限。传感器节点的体积微小，电源能量十分有限。传感器节点往往部署在环境复杂的区域，有些区域甚至是人员所不能到达的，采用更换电源的方式是不现实的[7]。如何降低网络功耗的同时又能延长网络的寿命成为无线传感网络面临的重大挑战。

（3）网络的动态性强。传感器网络具有很强的动态性。网络的拓扑结构由于一些因素而动态变化，如网络中的传感器、感知对象和观察者这三要素可能具有移动性，新的传感器节点的加入或已有节点的失效，环境因素或节点能量耗尽等，所以传感器网络必须具有可重构和自调节性。

（4）计算和存储能力有限。传感器节点是一种微型的嵌入式设备，包含嵌入式处理器和存储器，这些处理器和存储器的处理功能和存储容量有限，如何使用大量具有有限计算能力和存储能力的传感器进行协作分布式信息处理成为传感器网络设计的又一个挑战。

从上述总结的 WSNs 特点中可以看出，节省能耗对于 WSNs 至关重要。所以研究分布式节点协同自组织唤醒控制优化问题，以实现目标感知效率和能量消耗有效折中意义下的联合探测与跟踪目的[8,9]。一方面来说，目标在单一传感器节点探测范围内出现的统计概率比较低，不采取唤醒控制策略将导致目标未出现时节点消耗过多的探测能量；从另一方面来说，由于传感器节点布置稠密，倘若不采取唤醒控制，大量冗余信息的处理和传递同样会消耗大量的能量。在第 5 章中对传统的面向目标预警、面向目标跟踪和基于拓扑的节点唤醒控制策略，进行了总结阐述，并给出了基于人工蚁群的无线传感网节点唤醒控制仿生算法[10]（以下简称蚁群算法）。与传统节点唤醒控制策略相比，该算法可实现在唤醒较少节点的前提下，降低能量消耗，达到相同的目标定位精度，实现目标联合预警和跟踪。该算法揭示了 WSNs 中分式节点唤醒，作为一种协同优化问题，利用群集智能优化算法解决是很有前景的，但该算法仅用信息素作为目标存在性的度量，无法对信息的来源进行区分，从而难以实现基于探测和通信两类信源信息获取能力的优化，无法实现对通信模块的有效唤醒。

针对传统的节点唤醒控制策略均只针对传感器探测模块这一不足，考虑节点探测模块与通信模块联合唤醒控制有望进一步实现目标信息获取与能耗降低综合性能优化。针对探测信息与通信信息两类不同但又彼此相关的信源获得的目标信息，如何建立一种分布式自组织优化策略以准确对目标进行探测是一个复杂的问题。复杂无线感器网环境中的自组织优化与自然界中的生物进化行为有着本质的相似性，将人造系统节点唤醒控制这一主观问题转换为自然系统优化这一客观问题，可以简化设计过程，利于算法的调参实现。为此，本章给出了一种分布式传染病模型(Distributed Infectious Disease Model，DIDM)来实现联合探测模块与通信模块唤醒控制[11]，主要包括直接感染、交叉感染免疫/免疫缺失、交叉感染、病毒量积累这四部分。值得指出的是，本章提出的分布式传染病模型描述感染个体之间的行为，而非传统的传染病模型通过传染病动态差分或微分方程描述群体中易感、已感、恢复人群所占的比例。此外，通过节点唤醒与传染病传播之间的对应关系，以直接感染和交叉感染实现对探测与通信两类信源的建模，将节点开机建模为个体免疫缺失，将节点关机建模为个体免疫，从而实现无线传感网络中节点联合唤醒控制的协同优化。仿真结果表明，本章算法可在精度—能耗折中意义下实现预警与跟踪。

6.2　问　题　提　出

传感器节点消耗能量的模块包括传感器模块、处理器模块和无线通信模块。随着集成电路工艺的进步，处理器和传感器模块的功耗变得很低，绝大部分能量消耗在无线通信模块上。无线通信模块存在发送、接收、空闲和睡眠四种状态。无线通信模块在空闲状态一直监听无线信道的使用情况，检查是否有数据发给自己，而在睡眠状态则关闭通信模块。图 6.1 所示是 Deborah Estrin 在 Mobicom 2002 会议上的特邀报告中所述传感器节点各部分能量消耗的情况[12,13]。

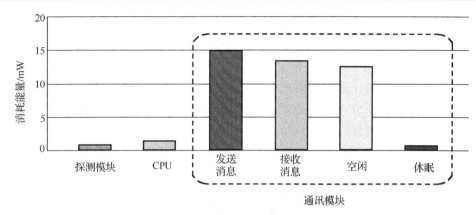

图 6.1　传感器节点能量消耗情况

从图中可知通信模块的能量消耗是不容忽略的[14,15]，将 1bit 信息传输 100m 的距离需要的能量大约相当于执行 3000 条计算指令消耗的能量[16]。从图 6.1 还可看出通信模块处于空闲状态和接收状态的能量消耗接近，略小于发送状态的能量消耗，但远远大于睡眠状态的能量消耗。换句话说，如果根据感知任务对节点的通信模块也施加唤醒控制，使节点不需要通信时尽快进入睡眠状态，有望从机理上进一步降低能量消耗。

此外在硬件上，传感器模块和通信模块作为独立模块分别由 CPU 控制[15]，可利用动态电源管理技术[17,18]，实现传感器模块和通信模块分别进行唤醒控制。第 5 章中提出的节点唤醒控制算法均是针对传感器模块进行唤醒控制，而通信模块均处于"空闲/发送/接收"状态，并且蚁群算法中释放的信息素无法衡量来源于通信还是探测，所以蚁群算法或其改进算法均无法解决探测、通信模块联合唤醒控制问题，势必需要提出新的仿生算法来解决上述问题。

6.3　分布式传染病模型

在提出分布式传染病模型之前，先列出如下的几个基本概念。

(1)直接感染免疫指个体不会被病原体感染；直接感染免疫缺失指个体有可能被病原体感染。

(2)交叉感染免疫指个体不会被周围邻居个体感染；交叉感染免疫缺失指个体有可能被周围邻居个体感染。

(3)直接感染指直接感染免疫缺失的个体接触到病原体并被染病。

(4)传染性指个体具备感染周围交叉感染免疫缺失个体的能力。

根据上述病原体传播过程的几个现象[19-26]，提出如下常识性规则。

规则 1（最大、最小病毒量）：每个个体都或多或少携带一定量的病毒，因此存在病毒量的上下界。

规则 2（免疫/免疫缺失单调性）：个体携带的病毒量越多表明个体的免疫系统越差，更容易被病原体或已感人群所感染，可以通过直接感染或交叉感染免疫缺失概率定量衡量。同时，新增病毒量越高反映个体近期内受到病原体感染越严重，因此也更容易被病原体或已感人群再次感染。

规则 3（直接感染）：如果个体处于直接感染免疫缺失状态，当个体处于流行病病原体感染范围内时，有可能直接接触病原体而发生直接感染；当个体处于流行病病原体感染范围外时，有可能接触到感染源未知的流行病引起直接感染。直接感染免疫缺失的个体，不会发生直接感染。

规则 4（交叉感染强度）：具备传染性个体自身带病毒量越高，或者与周围交叉感染免疫缺失状态的个体相距越近，则该个体对邻居的交叉感染越严重。

规则 5（交叉传染性）：发生直接感染后，该个体便对其周围处于交叉感染免疫缺失状态的个体具备了传染性[19-21]。

规则 6（交叉感染趋势）：若干个体交叉感染强度逐渐增强时，表明病原体在逐渐靠近该区域，则个体对邻居个体的传染强度最强；若个体交叉感染强度逐渐减弱，表明病原体在逐渐远离该区域，则个体对邻居个体的传染强度为零；若个体交叉感染强度无明显变化时，表明病原体在该区域内驻留，则个体对邻居个体的传染强度介于上述两者之间保持恒定不变。

备注 1：上述几条常识性规则与传染病传播机理是一致的。在**规则 1**中，个体携带病毒的有界性在物理世界中是真实存在的，并用来描述传染病传播过程中的某些特性。例如，文献[22]提出了传染病上下界阈值的概念。**规则 2～规则 4**来自于常识性知识，在文献[23]、[26]中可查证。**规则 5**与动态传染病中的"cabin"病毒量模型是一致的[19]。**规则 6** 符合易感—已感—恢复—易感（Susceptible-Infected-Recovered-Susceptible，SIRS）传染病模型机制[23]，文献[27]中传播过程的有限寿命模型，以及文献[26]中提及的病原体衰减率。

备注 2：目前用于传染病感染人数预测的易感—已感—恢复（Susceptible-Infected-Recovered，SIR）传染病模型，主要利用以下微分方程求解相应人群数量

$$\frac{dS}{dt} = -\beta I \frac{S}{N}, \quad \frac{dI}{dt} = -\beta I \frac{S}{N} - \gamma I, \quad \frac{dR}{dt} = \gamma I$$

其中，S, I 和 R 分别为易感、已感和恢复个体数量；N 为全体个体总数；β 为感染强度；γ 为恢复率。此类传染病模型不能在个体层面反映其感染、发病的情况。

本章所提的分布式传染病模型通过病毒量来实时描述每个个体受感染的情况[28-31]，有助于多智能体协同和分布式优化算法的实现。

下面对传染病模型中用到的变量进行定义。

(1) n 个个体在传染病流行区域内随机分布，个体集合表示为 $I = \{I_1, \cdots, I_k, \cdots, I_n\}$，其中，$I_k$ 表示第 k 个个体。定义个体 I_i，I_j 之间的距离为 $D(l_i, l_j)$，个体 I_k 在 t 时刻与病原体之间的距离为 $d_k(t)$，个体 I_k 的邻居个体集合为 $N_k = \{I_j \mid D(I_j, I_k) \leqslant R_c, j \neq k\}$，其中，$R_c$ 为个体交叉感染半径。

(2) 个体 I_k 在 t 时刻直接感染免疫/免疫缺失分别表示为 $\theta_k(t) = 0$，$\theta_k(t) = 1$；个体 I_k 在 t 时刻交叉感染免疫/免疫缺失分别表示为 $E_k(t) = 0$，$E_k(t) = 1$。

(3) 个体 I_k 在 t 时刻发生直接感染表示为 $\varphi_k(t) = 1$，当个体 I_k 处于流行病病原体直接感染范围(以病原体为圆心，以直接感染半径 R_s 为半径形成的圆形区域)内时，个体以 P_d 的概率直接接触病原体发生直接感染，或者个体 I_k 未处于流行病病原体感染范围内时，以 P_f 的概率接触感染源未知的流行病引发直接感染。一般而言，$P_d \gg P_f$。

(4) 个体 I_k 在 t 时刻具备传染性表示为 $B_k(t) = 1$。

(5) 个体 I_k 在 t 时刻携带的病毒量为 $V_k(t)$，满足病毒量上下界 V_{max}、V_{min} 的约束，定义新增病毒量为 $\Delta V_k(t)$。

本章提出的递归 DIDM 算法由直接感染、交叉感染免疫/免疫缺失、交叉感染、病毒量积累四部分构成，算法流程图见图 6.2。下面给出了四部分的详细实现。

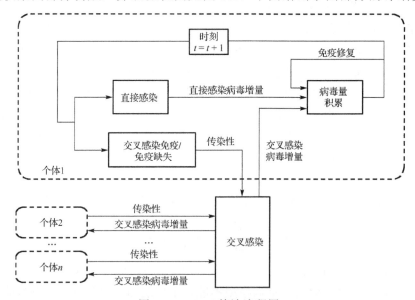

图 6.2 DIDM 算法流程图

6.3.1　直接感染

根据**规则** 1 和**规则** 2，t 时刻个体 I_k 直接感染免疫缺失的概率定义如下

$$\text{DIID}_k(t) = f(V_k(t), \Delta V_k(t-1); V_{\min}, V_{\max}) \tag{6-1}$$

其中，概率函数 f 与个体携带病毒量 $V_k(t)$、新增病毒量 $\Delta V_k(t-1)$ 成正比。最大最小病毒量 $V_{\max}, V_{\min}$ 为函数中的参数，在文献[22]中，$V_{\min}/V_{\max}$ 定义为传染病阈值。$\Delta V_k(t-1)$ 为上一拍新增病毒量，初始值为 $\Delta V_k(0) = 0$。公式 (6-1) 的具体实现与不同的传染病相关，读者可依据相关专家知识或先验信息进行自行设计。

每个个体以 $\text{DIID}_k(t)$ 的概率随机决定处于直接感染免疫缺失状态（$\theta_k(t)=1$）或免疫状态（$\theta_k(t)=0$）

$$\theta_k(t) = \begin{cases} 1, & \text{取值概率为} \text{DIID}_k(t) \\ 0, & \text{其他} \end{cases} \tag{6-2}$$

根据**规则** 3，直接感染发生概率为

$$\varphi_k(t) = \begin{cases} 1, & \text{取值概率为} \text{P}\{\varphi_k(t)=1\} \\ 0, & \text{其他} \end{cases} \tag{6-3}$$

其中

$$\text{P}\{\varphi_k(t)=1\} = \begin{cases} P_d, & d_k(t) \leqslant R_s \text{ 且 } \theta_k(t)=1 \\ P_f, & d_k(t) > R_s \text{ 且 } \theta_k(t)=1 \\ 0, & \theta_k(t)=0 \end{cases} \tag{6-4}$$

6.3.2　交叉感染免疫/免疫缺失

定义 $\text{CIID}_k(t) = \text{Prob}\{E_k(t)=1\}$ 为个体 I_k 在 t 时刻交叉感染免疫缺失概率。根据**规则** 2，个体携带病毒量越多意味着 CIID 取值越高。在此，我们考虑最简单的情况，CIID 为携带病毒量的线性函数

$$\text{CIID}_k(t) = \mu \frac{V_k(t)}{V_{\max}} \tag{6-5}$$

其中，$0 \leqslant \mu \leqslant 1$ 为医疗隔离系数，代表由外部隔离措施决定的交叉感染传播度。如果易感个体被完全隔离，则 $\mu=0$；如果对易感人群没有采取任何隔离措施，则 $\mu=1$。根据公式 (6-5) 定义的概率随机决定处于交叉感染免疫缺失状态（$E_k(t)=1$）或免疫状态（$E_k(t)=0$）。公式 (6-5) 的选取并不唯一，此处只给出了一种简单的实现，因为在群集智能中看似简单的个体行为，通过群体之间的交互或协同，最终可达到最优解，这在后续的仿真分析环节也做出了验证。

6.3.3 交叉感染

根据**规则 5**，传染性定义为

$$R_j(t) = \begin{cases} 1, & \varphi_k(t)=1 \text{ 且 } j \in N_k \text{ 且 } E_j(t)=1 \\ 0, & \text{其他} \end{cases} \tag{6-6}$$

根据**规则 4** 构建交叉感染传染性水平（CIIL）以衡量交叉感染流行程度

$$\text{CIIL}_k(t) = \sum_{j \in N_k, B_j(t)=1} \frac{V_j(t)/V_{\max}}{D(I_j, I_k)/R_c} \tag{6-7}$$

其中，$D(I_j, I_k)/R_c$ 为归一化距离。

根据**规则 6**，构建交叉感染强度因子 CIIF 为

$$\text{CIIF}_k(t) = \begin{cases} c_1, & \text{CIIL}_k(t-2) \leq \text{CIIL}_k(t-1) \leq \text{CIIL}_k(t) \\ c_3, & \text{CIIL}_k(t-2) > \text{CIIL}_k(t-1) > \text{CIIL}_k(t) \\ c_2, & \text{其他} \end{cases} \tag{6-8}$$

其中，$c_1 \geq c_2 \geq c_3$。

所有具备传染性的个体 I_k 向周围邻居个体散播病毒量 $Z_k(t)$，致使交叉感染免疫缺失的邻居个体的病毒量增加。$Z_k(t)$ 与上文定义的 CIIF 和个体携带病毒量成正比关系。因此个体交叉感染病毒释放量定义为

$$Z_k(t) = \frac{V_k(t)-V_{\min}}{V_{\max}-V_{\min}} \text{CIIF}_k(t) \tag{6-9}$$

由此公式可看出 $V_k(t)=V_{\max}$ 时，释放病毒量最大；当 $V_k(t)=V_{\min}$ 时，根据 SIRS 传染模型，该个体处于健康状态，不释放病毒量。

6.3.4 病毒量积累

根据**规则 1**，个体病毒量增加有两个来源，新近积累的病毒量 $\Delta V_k(t)$ 和以前剩余的病毒量 $(1-q)V_k(t-1)$，则 $t+1$ 时刻个体 I_k 携带的病毒量如下

$$V_k(t) = \min\left\{ V_{\max}, \max\{ (1-q)V_k(t-1) + \Delta V_k(t-1), V_{\min} \} \right\} \tag{6-10}$$

其中，q 为免疫修复因子，$0 < q < 1$，由于个体具有自我治愈功能，携带的病毒量 $V_k(t)$ 会随着时间逐渐下降[26]。$\Delta V_k(t)$ 为时刻 t 个体 I_k 由于自身直接感染和与周围邻居个体之间交叉感染引起的新增病毒量之和，由下式计算

$$\Delta V_k(t) = \alpha \varphi_k(t) + E_k(t) \sum_{j \in N_k} Z_j(t) E_j(t) \tag{6-11}$$

其中，α 为直接感染强度因子。

在此环节中，新增病毒量衡量病原体存在的概率，进而决定下一拍直接感染免疫缺失的概率取值，如公式(6-11)所示。

备注 3：本章提出的分布式传染病模型有很多优点。首先，该模型是分布式的，因此对于个体的出生、死亡或者环境变异有一定的容错能力，算法具有鲁棒性；其次，该算法简单，使得个体计算、通信、存储的能量消耗低。

6.4　分布式传染病模型与节点联合唤醒控制问题

6.4.1　唤醒控制问题

1. 目标模型

本节考虑一个非合作机动运动目标，目标可在任何时间任何地点突然出现，然后随机运动，随机消失。这种现象在无线传感网络军事和民用应用中是普遍存在的，比如战场中敌方运动车辆，自然保护区中突然出现的野生动物等。关于目标运动没有任何的先验信息，这种考虑代表某种意义下最恶劣的场景，进而可以有效衡量出算法的有效性。

2. 探测模型

考虑无线传感网络中 n 个同类二值传感器节点随机分布在感知区域内[32]，在传感器节点的探测区域(即以节点所在位置为圆心，以探测半径 R_s 为半径形成的圆形区域)内出现目标时，开机节点以 P_d 的探测概率报告目标有无，在传感器节点的探测区域内无目标出现时，仍以 P_f 的虚警概率报告目标有无。

3. 通信模型

节点探测到目标后将利用通信模块告知邻居节点。在节点有效通信范围(即以节点所在位置为圆心，以通信半径 R_c 为半径形成的圆形区域)内通信质量为非零常量，在通信范围之外为零；考虑节点通信半径 R_c 不大于节点单跳通信距离的情况，此时相邻的节点可直接交换信息而不需要传输路由协议。

4. 时间同步模型

考虑节点之间时间同步问题，采用最基本的基于 Round 的 S-MAC 协议[33]，其工作周期如图 6.3 所示。每个 Round 周期探测模块分为唤醒/休眠、休眠两个阶段：在唤醒/休眠阶段，节点探测模块根据唤醒概率随机决定处于唤醒状态或休眠状态，此时通信模块处于关机状态；在休眠阶段，节点探测模块处于关机状态，而通信模块处于空闲/接收/发送/休眠状态，由唤醒概率随机决定处于空闲/接收/发送状态还是关机状态，其中，空闲状态通信模块处于开机状态但不接受也不发送消息，接收或发送状态通信模块处于开机状态以接收或发送消息。

图 6.3　传感器节点的工作周期

6.4.2　基于分布式传染病模型的联合唤醒控制

本质上，无线传感网络中的节点具有独立感知、处理、存储的能力，这些特点与传染病流行区域内的个体存在相似性；传染病在个体之间的流行类似于自组织节点协同。此外，我们还发现了下面一些联合唤醒控制与传染病传播之间的相同点。

(1) 节点可从传感器节点模块和通信模块收到目标信息；个体可被直接、交叉感染。

(2) 节点通过探测模块发现目标后，将通过通信模块告知其他节点；个体发生直接感染后，会与邻居个体发生交叉感染。

(3) 探测模块开机有可能发现目标；直接感染免疫缺失的个体才有可能被直接感染。

(4) 通信模块休眠不可能接收、发送目标信息；交叉感染免疫的个体不会发生交叉感染。

基于以上的相似性，我们将无线传感网络节点联合唤醒控制问题转换为传染病问题，具体参数与行为对照关系见表 6.1、表 6.2 所示。

表 6.1　参数对照表

无线传感网络参数	传染病模型参数	符号
目标	流行病病原体	—
第 k 个传感器节点	第 k 个个体	I_k
探测半径	直接感染半径	R_s

续表

无线传感网络参数	传染病模型参数	符号
通信半径	交叉感染半径	R_c
开机节点发现探测区域内目标的概率	直接感染免疫缺失个体被感染范围内的病原体直接感染的概率	P_d
开机节点误判断存在目标的概率	直接感染免疫缺失个体被未知病原体感染的概率	P_f

表 6.2　行为对照表（第 k 个节点或个体）

无线传感网络活动	传染病模型行为	符号
节点探测模块发现目标	发生直接感染	$\varphi_k(t)=1$
基于目标信息的节点通信	具有传染性	$B_k(t)=1$
利用邻居节点的通信信息发现目标	发生交叉感染	$O_k(t)=1$
节点探测模块和通信模块同时发现目标	发生直接感染和交叉感染	$\varphi_k(t)=1$ 并且 $O_k(t)=1$
传感器模块休眠	直接感染免疫	$\theta_k(t)=0$
通信模块休眠	交叉感染免疫	$E_k(t)=0$
传感器模块唤醒	直接感染免疫缺失	$\theta_k(t)=1$
通信模块唤醒	交叉感染免疫缺失	$E_k(t)=1$

通过无线传感网络节点唤醒控制和传染病模型之间的对应关系，将自适应、分布式节点唤醒控制问题转化为传染病流行问题，此时便可用我们提出的分布式传染病模型进行解决。受群集智能系统涌现现象[34,35]的启发，该问题可通过大量探测、通信、处理、记忆能力有限的个体在无中心控制的情况下达到全局最优解。

6.5　参　数　设　计

从上述算法实现可以看出，最大、最小病毒量直接影响到直接感染、交叉感染免疫/免疫缺失、交叉感染、病毒量积累四个环节，可见合适的选择最大、最小病毒量是至关重要的。为了建立无线传感网络自由参数、环境参数与传染病模型参数的关系，揭示本章算法的自适应现象，下面给出设计最大、最小病毒量参数的定理。

定理 1　考虑 6.4.1 节中的唤醒控制问题，假设目标出现的位置在感知区域内服从独立均匀分布，同时考虑 WSNs 中的同类二值传感器节点在监测区域内服从均匀泊松分布且位置固定，则在不小于置信度 β 的意义下，最大病毒量阈值应满足

$$V_{\max} \leqslant \frac{N_{\max}q(1-(1-X)^{N_{\max}})^2\dfrac{c_1}{1-V_{\min}/V_{\max}}+\alpha X+N_{\max}(1-(1-X)^{N_{\max}})^2c_1}{q} \tag{6-12}$$

其中，$N_{\max}=\arg\min\limits_{N}\sum\limits_{k=0}^{N}\dfrac{(\lambda V_k^n)^k}{k!\mathrm{e}^{\lambda V_k^n}}\geqslant\beta$，$X=P_eP_d+(1-P_e)P_f$，$P_e=\pi R_s^2/V_D$ 表示目标在

节点探测范围内出现的概率，V_D 为监测区域面积。$N_{\max}$ 为监测区域内所有节点临近的节点数的最大值，详细证明过程见 6.7 节定理阐述部分。

由上述定理可以看出最大病毒量阈值是四组变量的函数，第一组变量为 WSNs 的自由参数，如虚警概率、探测概率；第二组变量为环境参数，如整个监测区域面积、节点个数；第三组变量为传染病模型中的参数，如个体治愈率、交叉感染半径、直接感染半径等；第四组变量为本章算法中根据传染病模型设计的参数，如直接感染强度因子，交叉感染强度因子。根据该定理可以根据任务要求，感知要求和无线传感网络各参数任意配置所需设计的参数，显示了本算法有较强的自适应性。

6.6　仿真分析

在 $(50m, 50m)$ 到 $(250m, 250m)$ 的平面矩形感知区域内，随机散布 500 个相同的传感器节点。环境参数为：$R_s = 30m$，$R_c = 15m$，$P_d = 0.9$，$P_f = 0.05$，$\text{Round} = 1s$。部分算法参数取值为：$V_{\min}/V_{\max} = 0.05$，参考蚁群算法[10]取 $V_{\max} = 20$，$\Delta V_k(0) = 0, V_k(0) = V_{\min}$。

本节通过三个仿真场景对本算法进行了验证。场景 1 中以跟踪单目标布朗运动为例，将本章算法与蚁群算法[10]和 PEAS[36]算法进行了比较；场景 2 中以跟踪单目标匀速直线运动为例，对本章 DIDM 算法的参数鲁棒性进行了分析；场景 3 中以跟踪双目标交叉运动为例，通过探测模块和通信模块实时状态图反映了本章算法在联合预警与跟踪的有效性。

根据约束条件 $c_1 \geq c_2 \geq c_3$，在仿真场景 1 和仿真场景 3 中取 $c_1 = 2c_2, c_2 = 3, c_3 = 0$；为了验证参数的鲁棒性，在仿真场景 2 中分别将 c_2 从 2.5 到 5 进行取值。根据约束条件 $0 \leq q \leq 1$，取 $q = 0.75, \alpha = 1.5c_2$。本章提出的 DIDM 算法是一个广泛意义上的框架，针对不同的传染病可能会有不同的参数取值，引入专家信息将更有利于参数设计。公式 (6-1) 的一种实现如下

$$\text{DIID}_k(t) = \begin{cases} V_k(t)/V_{\max}, & \text{若 } \Delta V_k(t-1) \neq 0 \\ V_{\min}/V_{\max}, & \text{若 } \Delta V_k(t-1) = 0 \end{cases} \tag{6-13}$$

在以下的仿真场景中，采用目标定位误差和能量消耗两个性能指标进行算法评估。目标定位误差是指真实目标位置与有效唤醒节点质心位置之差；由于通信模块处于空闲、发送、接收状态消耗的能量相差不大[14,15]，故考虑发送、接收一条消息或处于空闲状态消耗一个单位的能量，则总的能量消耗是指发送、接收消息数和处于空闲状态节点数目之和。

6.6.1　算法比较

场景 1 中假设目标在感知区域内做布朗运动,起始点在感知区域内随机选择,每 10 拍由服从 $N(0,400)$ 的噪声驱动,连续 10 拍内进行匀速直线运动。目标在第 20 拍进入感知区域,第 120 拍离开,前 20 拍和最后 20 拍不存在目标,仿真总拍数为 140 拍。图 6.4 和图 6.5 中,实线(红色)、点画线(蓝色)、虚线(黑色)分别为 DIDM 算法、蚁群算法和 PEAS 算法的仿真结果。

探测模块唤醒控制性能比较见图 6.4,PEAS 算法作为一种非仿生框架可以达到最小的估计误差,但需要 250 个探测模块保持开机状态致使有效节点探测模块开机率最低。因此该 PEAS 算法并不是可观的精度—能耗折中有效算法。与蚁群算法相比,DIDM 算法的有效开机节点、有效开机节点率和目标估计误差方面(除了过渡阶段 20~45 拍)是很可观的。

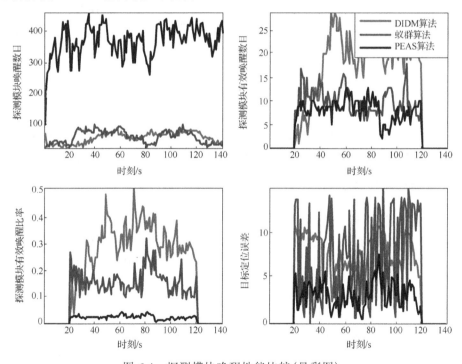

图 6.4　探测模块唤醒性能比较(见彩图)

通信模块的唤醒控制性能如图 6.5 所示。PEAS 算法由于发送消息数过多以致能量消耗最高。由于 PEAS 算法与蚁群算法的通信模块全处于开机状态,故"发送/接收/空闲"状态消耗的能量为 500。

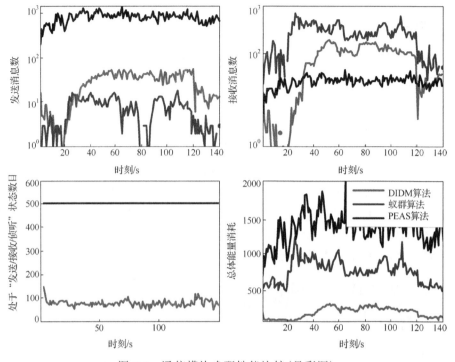

图 6.5　通信模块唤醒性能比较（见彩图）

与蚁群算法和 PEAS 算法相比，可知 DIDM 算法在存在目标时发送和接收较多的消息数，但是仍保持最低的能量消耗，由于该算法将远离目标的无效通信模块关机。

6.6.2　算法鲁棒性验证

场景 2 中假设目标在感知区域内以 6m/s 的速度作匀速直线运动，起点为 (35m,40m)，角度为 38°，运行时间为 50s，分析了参数 c_2 的鲁棒性。同时为了与公式 (6-1) 做比较，下式给出了直接感染免疫缺失概率 $\mathrm{DIID}_k(t)$ 的另一种实现

$$\mathrm{DIID}_k(t) = \frac{\Delta V_k(t-1) + V_{\min}}{V_{\max}} \tag{6-14}$$

图 6.6 和图 6.7 给出了两种 $\mathrm{DIID}_k(t)$ 不同实现函数的算法对比图，（蓝色）实线为公式 (6-14) 的仿真结果，虚线（红色）为公式 (6-1) 的仿真结果。可以看出，这两种不同的实现办法得到的算法性能总体上相差不大，但似乎公式 (6-1) 更适合此仿真场景。表 6.3 给出了 c_2 不同取值下的性能指标。我们可以看出，不同参数取值的算法性能类似，表明了该算法的参数鲁棒性；另一方面，能量消耗越高，有效开机节点率越高，目标估计误差越小，换句话说，参数的选取带来了估计误差与能量消耗之间折中的两难问题。

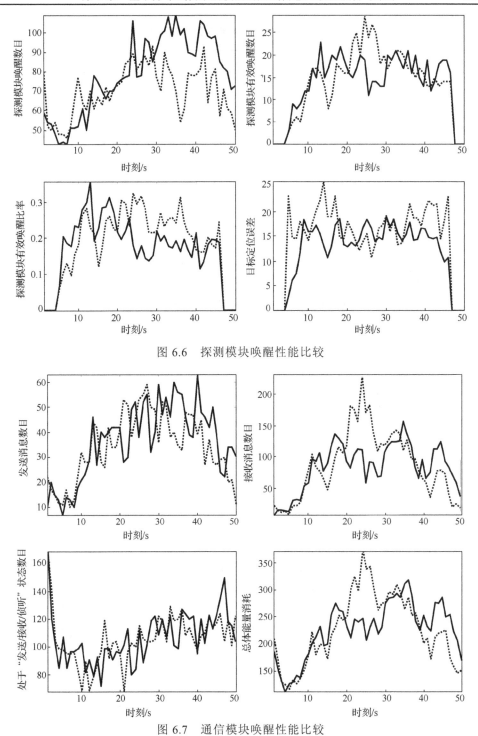

图 6.6　探测模块唤醒性能比较

图 6.7　通信模块唤醒性能比较

表 6.3　CIIF 参数不同取值性能比较

c_2	探测模块有效开机率	估计误差	能量消耗
2.5	0.1961	28.9112	216.3462
3	0.1773	24.6397	231.9091
4	0.2108	22.5726	266.5484
4.5	0.2051	23.8555	273.4516
5	0.1996	24.4405	253.2258

6.6.3　交叉运动双目标跟踪

除了上述单目标跟踪场景外，我们还对本章 DIDM 算法跟踪双目标交叉运动进行了仿真验证，如图 6.8 和图 6.9 所示，为了简单起见，忽略了蚁群算法在此方案中性能比较(详情请参见参考文献[10])。两目标分别以 6m/s 作匀速直线运动，起点分别为[50,50] 和[50,250]，角度分别为 38° 和 −38°。目标由"+'"(蓝色)标出，在图 6.8 和 6.9 的左图中，"△"(红色)表示有效唤醒探测模块，即此类节点处于开机状态且发现了目标；"●"(黑色)代表无效唤醒探测模块，即此类节点处于开机状态，但未发现目标；"□"(蓝色)为估计目标位置；"*"(绿色)表示处于关机状态的探测模块。在图 6.8 和 6.9 的右图中，"△"(红色)表示有效唤醒通信模块；"●"(黑色)代表无效唤醒的通信模块，其中"□"(蓝色)表示无效唤醒通信模块处于"发送/接收"状态。

图 6.8 和 6.9 分别给出了第 11 和第 27 拍的探测模块和通信模块实时状态示意图。通过图 6.8 中计算处于"△"(红色)状态的数量以及检查这些有效唤醒探测模块是否围绕两个目标分布，可以粗略评估本章算法在预警、探测和定位单目标的性能，这与仿真场景 2 的结果是一致的。

如图 6.9 所示，当两个目标发生交叉，唤醒探测模块和通信模块在区域内几乎重叠。这是由于探测和通信模块在出现目标时同时"看见"了目标，这也是本算法有较好探测性能的原因。在双目标交叉时，本算法得到的位置估计代表合并的两个目标，通过进一步采用数据关联技术，如最近邻、联合概率数据关联[37,38]或基于蚁群算法的数据关联方法[39]等，可以很好地解决此问题。

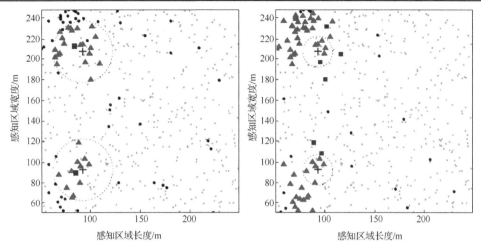

图 6.8　探测模块(左图)和通信模块(右图)第 11 拍实时状态

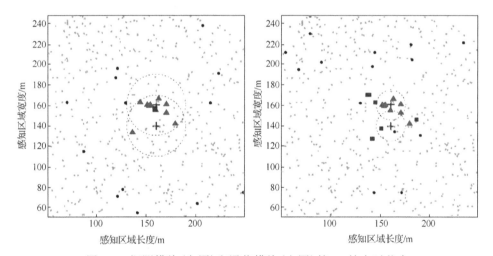

图 6.9　探测模块(左图)和通信模块(右图)第 27 拍实时状态

6.7　定 理 阐 述

由于传染病流行区域内的个体服从均匀泊松分布,设 λ 为个体分布密度,个体总数为 n,则随着 V_D 和 n 的增加,有 $n/V_D \to \lambda$,$0<\lambda<\infty$。设个体 I_k 的邻居个体集合 $N_{\text{eighbor}}(k)$ 的体积为 V_k^n,邻居集合内个体的数目服从参量为 λV_k^n 的泊松分布,给定置信度 β,则可以计算出该区域内包括的个体数的上界 $N_{\max}^k$。

设流行病病原体在传染病流行区域 D 内各处等概率出现,定义 P_e 为流行病病

原体出现在个体 I_k 感染范围内的概率，由 $P_e = \pi R_s^2 / V_D$ 表示。则以 β 的置信度断定 $\Delta V_k(t)$ 满足如下不等式

$$
\begin{aligned}
\Delta V_k(t) &= \alpha \varphi_k(t) + E_k(t) \sum_{j \in N_{\text{eighbor}}(k)} Z_j(t) E_j(t) \\
&= \alpha w_k(t)(P_e P_d + (1-P_e) P_f) + E_k(t) \sum_{j \in N_{\text{eighbor}}(k)} \left(\frac{V_j(t) - V_{\min}}{V_{\max} - V_{\min}} \text{CIIF}_j(t) E_j(t) \right) \\
&\leqslant \alpha X \frac{V_k(t-1)}{V_{\max}} + N_{\max} \left(1 - \left(1 - \frac{V_k(t-1)}{V_{\max}} X \right)^{N_{\max}} \right)^2 \frac{V_j(t-1) + \Delta V_k(t) - V_{\min}}{V_{\max} - V_{\min}} c_1
\end{aligned}
\tag{6-15}
$$

对公式(6-15)中的时间 t 取极限后，可得

$$
\lim_{t \to \infty} \Delta V_k(t) \leqslant H
\tag{6-16}
$$

$$
H = \frac{\alpha X + N_{\max} \left(1 - (1-X)^{N_{\max}} \right)^2 c_1}{1 - N_{\max} \left(1 - (1-X)^{N_{\max}} \right)^2 \dfrac{c_1}{V_{\max} - V_{\min}}}
\tag{6-17}
$$

公式(6-10)可写为

$$
\begin{aligned}
V_k(t+1) &= (1-q)V_k(t) + \Delta V_k(t) \\
&\leqslant (1-q)V_k(t) + H \\
&\leqslant (1-q)((1-q)V_k(t-1) + H) + H \\
&\;\;\vdots \\
&\leqslant (1-q)^{t+1} V_k(0) + H \frac{1 - (1-q)^{t+1}}{q}
\end{aligned}
\tag{6-18}
$$

又因为 $1-q \in [0,1]$，对公式(6-18)中时间 t 取极限得 $\lim\limits_{t \to \infty} V_k(t+1) \leqslant \dfrac{H}{q}$。

将公式(6-18)与公式(6-17)联立解得

$$
V_{\max} \leqslant \frac{N_{\max} q (1-(1-X)^{N_{\max}})^2 \dfrac{c_1}{1-w_{\min}} + c_0 X + N_{\max}(1-(1-X)^{N_{\max}})^2 c_1}{q}
\tag{6-19}
$$

6.8　本　章　小　结

针对无线传感网络中节点唤醒控制仅对探测模块这一局限性，本章提出了一种分布式传染病模型实现联合探测模块和通信模块唤醒控制。该模型主要包括直

接感染、交叉感染免疫/免疫使能、交叉感染、病毒量积累，这几部分是基于六个传染病常识性规则给出的。进而通过节点唤醒与传染病传播的对应关系，成功地将 DIDM 算法应用于分布式节点唤醒控制中。通过定理可以根据任务要求、感知要求和无线传感网络各参数任意配置所需设计的参数。仿真结果表明本章提出的鲁棒 DIDM 算法可以有效地实现目标定位与能量消耗之间的有效折中，可以实现联合预警与目标跟踪。

参 考 文 献

[1] Akyildiz I F, Su W, Sankarsubramaniam Y. Wireless sensor networks: a survey. Computer Networks, 2002, 38(4): 393-422.

[2] Akyildiz I, Vuran M. Wireless Sensor Networks. New York: John Wiley and Sons, 2010.

[3] Cullar D, Estrin D, Strvastava M. Overview of sensor network. Computer, 2004, 37 (8): 41-49.

[4] Oliveira L M, Rodrigues J J. Wireless sensor networks: a survey on environmental monitoring. Journal of Communications, 2011, 6 (2): 143-151.

[5] Saleem M, Ullah I, Farooq M. BeeSensor: an energy-efficient and scalable routing protocol for wireless sensor networks. Information Sciences, 2012, 200: 38-56.

[6] Sayeed A, Estrin D, Pottie G. Special issue on self-organizing distributed collaborative sensor networks. IEEE Journal on Selected Areas in Communications, 2006, 23 (4): 689-872.

[7] Ho J H, Shih H C, Liao B Y. A ladder diffusion algorithm using ant colony optimization for wireless sensor networks. Information Sciences, 2012, 192: 204-212.

[8] Bein D, Zheng S Q. Energy efficient all-to-all broadcast in all-wireless networks. Information Sciences, 2010, 180 (10): 1781-1792.

[9] 王泽毅. 多传感器协同目标跟踪方法研究. 西安电子科技大学, 2011.

[10] Liang Y, Cao J N, Zhang L. A biologically inspired sensor wakeup control method for wireless sensor networks. IEEE Transaction on Systems, Man, and Cybernetics-Part C, 2010, 40(5): 525-538.

[11] Liang Y, Feng X X, Yang F. The distributed infectious disease model and its application to collaborative sensor wakeup of wireless sensor networks. Information Science, 2013, 223: 192-204.

[12] Akkaya K, Younis M. A survey on routing protocols for wireless sensor networks. Ad Hoc Network, 2005, 3 (3): 325-349.

[13] Iyengar S S. Biologically inspired cooperative routing for wireless mobile sensor networks. IEEE Systems Journal, 2007, 1 (1): 29-37.

[14] 孙利民, 李建中, 陈渝, 等. 无线传感网络. 北京: 清华大学出版社, 2005.

[15] Estrin D. Tutorial on wireless sensor networks. Technologies Protocols and Applications, 2002, 13(4): 317-328.

[16] Schurgers C, Srivastava M B. Energy efficient routing in wireless sensor networks. Proceedings of Communications for Network-Centric Operations: Creating the Information Force, 2001, 1: 357-361.

[17] Brock B, Rajamani K. Dynamic power management for embedded systems. IEEE International SOC Conference, 2003: 416-419.

[18] Dargie W. Dynamic power management in wireless sensor networks: state-of-the-art. IEEE Sensors Journal, 2012, 12(5): 1518-1528.

[19] Abramson G, Kuperman M. Small world effect in an epidemiological mode. Physical Review Letters, 2011, 86 (13):2909-2912.

[20] Bailey N T J. The mathematical theory of infectious disease and its applications. Second edition.Immunology, 1977, 28(2): 479-480.

[21] Kermack W O, McKendrick A G. Contribution to the mathematical theory to epidemics. Proceedings of the Royal Society, 1927, A115: 700-721.

[22] Ni S J, Weng W G, Fan W C. Threshold of SIS epidemics in alternate social networks. Acta Physica Polonica, 2008, 39 (3): 739-749.

[23] Anderson R M, May R M. Infectious Diseases of Humans: Dynamics and Control. Oxford: Oxford University Press, 1991.

[24] Eubank S, Guclu H. Modelling disease outbreaks in realistic urban social networks. Nature, 2004, 429(6988): 180-184.

[25] Garnett G P, Anderson R M. Sexually transmitted diseases and sexual behavior: insights from mathematical models. Journal of Infectious Diseases, 1996, 174, 2 (2): S150-S161.

[26] Matthews L, Woolhouse M. New approaches to quantifying the spread of infection. Nature Review Microbiology, 2005, 3(7): 529-537.

[27] Lloyd-Smith J O, Schreiber S J, Kopp P E. Superspreading and the effect of individual variation on disease emergence. Nature, 2005, 438: 355-359.

[28] Eubank S, Guclu H. Modelling disease outbreaks in realistic urban social networks. Nature, 2004, 429: 180-184.

[29] Meyers L A, Pourbohloul B, Newman M E J. Network theory and SARS: predicting outbreak diversity. Journal of Theoretical Biology, 2005, 232(1): 71-81.

[30] Moreno Y, Vazquez A. Disease spreading in structured scale-free networks. The European Physical Journal B-Condensed Matter and Complex Systems, 2003, 31(2): 265-271.

[31] Hethcote H W, Yorke J A. Gonorrhea transmission dynamics and control. Springer Lecture Notes in Biomathematics, 1984.

[32] Pattem S, Poduri S, Krishnamachari B. Energy-quality tradeoffs for target tracking in wireless sensor networks. International Workshop on Information Processing in Sensor Networks, 2003: 32-46.

[33] Ye W, Heidemann J, Estrin D. An energy-efficient MAC protocol for wireless sensor networks. IEEE Infocom, 2002: 1567-1576.

[34] Gravagne I A, Marks R J. Emergent behaviors of protector, refugee, and aggressor swarms. IEEE Transactions on Systems, Man, and Cybernetics-Part B, 2007, 37(2): 471-476..

[35] Tarasewich P, MCMullen P R. Swarm intelligence: power in numbers. Communication of ACM, 2002, 45(8): 62-67.

[36] Chao G, Mohapatra P. Power conservation and quality of surveillance in target tracking sensor networks. International Conference on Mobile Computing and Netwoking, 2004:129-143.

[37] 克莱因. 多传感器数据融合理论及应用(第一版). 戴亚平, 刘征, 郁光辉译. 北京: 北京理工大学出版社, 2004.

[38] 潘泉, 梁彦, 杨峰, 等. 现代目标跟踪与信息融合. 北京: 国防工业出版社, 2009.

[39] Feng X, Liang Y, Jiao L. Bio-inspired optimisation approach for data association in target tracking. International Journal of Wireless and Mobile Computing, 2013, 6(3): 299-304.

第 7 章　基于粒子群算法的机场停机位分配求解

7.1　引　　言

停机位在机场的整体运行中起着十分重要的作用，为每一个到港航班合理灵活地分配停机位，是机场地面指挥的重要环节[1,2]。一个典型的机场由跑道、滑道、站坪以及航站楼四个基础部分组成。停机位在站坪上根据离航站楼的距离来分类[3]。如果停机位离航站楼较近，那么旅客登机距离较短且比较便利，这样的停机位为近机位；反之为远机位。图 7.1 为典型的机场平面布局图。

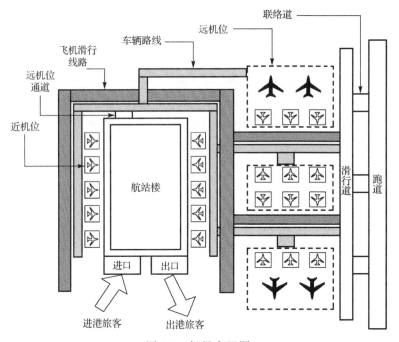

图 7.1　机场布局图

机位分配问题，就是在未来一个时间段内，为到达或离开的航班分配一个停机位，以保证旅客正常上飞机。机位分配问题是一个集合机位—机型、机位—国际属性、机位—航空公司、机位—任务，安全时间间隔等多种约束的问题。同时，还需要考虑满足机位使用效率最优、使用均衡性尽可能好、航班等待延误时间尽可能短等多种分配要求，以及天气、旅客和其他突发情况等动态因素。实际上，机位分配问题是一个受多种条件约束的动态多目标优化调度问题[4-6]。机位分配方案是否合理，严重影响着机场运行效率的高低。近年来，由于航空运输业迅速发展，航空客流量迅猛增长，有限的机场硬件资源已经成为机场运行的瓶颈，从软件资源包括对机位分配算法的研究更有现实意义。在航班安排时，如何科学高效地分配现有机位资源，尽可能地提高近机位利用率和旅客满意度，是机场建设亟待解决的问题。

　　机位分配问题的建模和求解算法的设计已成为机场信息系统中的关键内容。目前国内外求解机位分配问题的方法包括基于数学规划的方法和基于专家系统的方法两大类。基于数学规划的方法是指将机位分配的约束条件进行抽象和归纳，用符号和关系式表达，将关系式量化，建立数学模型，并从数学和运筹学的角度研究优化的求解算法。最初建立的数学模型仅仅考虑了旅客行走距离，模型比较简单，往往选用传统分支界定法、启发式算法与线性规划算法结合等来求解。如Babic 等[7]建立了以进港和出港所有旅客的步行距离和最短为优化目标的模型，在此基础上，Mangoubi 等[8]增加了转机旅客的步行距离，重新建立模型进行求解；Chang[9]用遗传算法解决旅客提取行李行走距离最短的问题；Xu 和 Bailey[10]用禁忌搜索算法解决单时间片内转机旅客行走距离最短的问题；Bihr[11]建立了基于0-1 整数规划模型。

　　但是，这样考虑的模型的不足之处在于，分配过程极易受到以步行距离最短的目标函数的影响，导致分配偏向有吸引力的停机位，一旦有航班延误就会出现大规模调整。受不确定因素的影响，民航航班不可避免地会出现进离场延误、增加班次或航班取消等情况，而航班的这些扰动可能会打乱机位预分配方案，严重时造成占用同一机位，相继航班占用时间重叠，大面积航班连锁性进离场延误。因而合理可行的机位预分配方案应具有一定的抵抗航班动态扰动的能力，具备一定的鲁棒性[12]。机位使用均衡，各机位的空闲时间段均匀，则预分配结果的鲁棒性较强。提高机位占用的鲁棒性的策略主要包括：①最小化空闲时间段的浮动范围；②缩短机位最大空闲时间段；③最小化机位空闲时段的方差等。因此，在之后的研究中，学者们在模型建立中增加了对安全时间间隔因素和均衡性指标的考虑，如 Yan 和 Chang[13]在机位分配模型中增加了安全时间间隔约束条件，减少了航班延误带来的机位调整，提高了机位分配的实用性；Bolat[14]运用启发式算法与分支定界法相结合对空闲时间段的浮动范围最小问题进行了求解优化；Yan 和 Huo[15]将固定的缓冲时间加在分配到同一机位的相继航班之间用来抵抗航班的扰动；Kim 和 Feron[16]采用 Log-normal 分布，提出鲁棒性机位分配的方针，验证了再分配的复杂性与机位使用之间的 buffer 大小成反比等。

国内学者们对机位分配问题的研究相对较晚，直到 2004 年以来，才逐渐引起学者们的关注。例如，文军等[17]在机位分配中引入"先到先服务"的规则，设计了标号算法求解，但不足之处是最终结果只实现了机位分配的半自动化，还需要人工辅助处理；常钢等[18]有效结合了实际问题，采用禁忌搜索算法求解以旅客行走距离总和最小为优化目标的整数规划模型，最终仿真结果表明了模型的有效性；沈洋等[19]以机位空闲时间均匀为目标建立数学模型，用遗传算法求解，最终分配方案实现了机位的均衡性指标；徐肖豪等[20]将航班的优先等级考虑到问题中，引入停机位使用均衡因子，建立了以最小延误值为目标函数的停机位分配模型，最后分别设计了贪婪算法和 Memetie 算法求解该模型，结果证明了该算法的有效性。刘长有和卫东选[21]运用带动态时间窗的贪婪算法对机位空闲时间段的方差最小的问题进行了求解优化。

机位分配时涉及旅客、机场、航空公司等多方的利益，因此国内外学者从此角度出发设定多目标函数，运用智能算法进行求解优化。刘兆明等[22,23]为了解决机场容量不足问题，将机场调度问题分为机位分配和滑行道分配两个过程，给出了适合于求解机位分配和滑行道分配问题的遗传算法。Ding 和 Lim 等[24]以旅客总步行距离最短与未分配机位的航空器数量最少为目标函数，运用模拟退火、禁忌搜索算法及两者组合进行了求解，表明组合算法比单独使用效果好；Dorndorf 等[25]以机位优化指数最大、虚拟机位数量最少及拖拽航班数量最少为目标函数，运用动态时间窗的方法进行了求解优化；丁建立、李晓丽等[26]以旅客到停机位行走距离最小与分配到远机位的航班数量最少为目标函数，运用蚁群协同算法进行了求解优化，并与遗传算法的结果进行对比，突出蚁群协同算法的合理性与较优性；刘长有、翟乃钧[27]以机型与机位匹配度最大和机位空闲时间段的方差最小为目标函数，运用遗传算法进行求解优化等。

还有一些学者针对不同的目标函数进行了研究，文军、孙宏等[28]运用顶点序列着色算法对使用机位数量最少的问题进行了求解优化；文军等[29]运用遗传算法将划分时间段的机位资源调度问题改造成图的 K-顶点着色问题进行了求解优化；张晨、郑攀等[30]运用禁忌搜索算法对航班间晚点传播的停机位分配问题进行了求解优化[30]；冯程、赵明华等[31]运用 Matlab 编程对旅客进出机场飞行区所需时间最小的机位分配问题进行了建模仿真等。

利用专家系统方法来分析机位分配问题的研究成果也比较多。专家系统就是通过模拟人类思维而设计的一个智能化计算机程序，一般的结构包括知识获得、知识库、推理、输入输出四部分，在求解复杂问题方面有很大的优势。然而，由专家系统推出的结果较依赖推理规则，往往由于规则不合理，造成分配结果不可行。在机位分配问题的应用求解中，一般是将实际要求的分配规则、机场的航班机位信息收集汇总在一起，创建知识库，通过推理，输出分配方案。如 Srihari 等[32]设计了囊括敏感性分析技术的机位分配专家系统；Hamzwawi[33]设计了可估测特殊的规则对于机位利用的影响的机位分配专家系统；Gosling[34]用基于知识库的方法设计了已在美国主要中枢机场(丹佛机场)使用的机位分配专家系统；谢实等[35]使用统一建模语言建立了机位分配专家系统。

国内外学者对机位分配问题的研究逐步深入，已经取得了许多研究成果。但是由于机位分配问题是一个复杂的优化问题，其问题模型的抽象和求解还需要进一步的深入研究。

(1)机位分配问题是带有多目标、多约束的 NP 问题，加之分配规则灵活繁多，因此先前的研究中对目标和约束条件的分析还不够全面。

(2)国内外研究中建立的机位分配模型较简单，考虑的条件不够全面，需要进一步考察，建立一个能全面反映问题的模型。

(3)面对机场容量有限和航班流量不断增长的挑战，就求解机位分配模型的算法而言，找到更有效的算法得到更加合理的分配方案，是未来的研究方向。

大规模问题具有维数灾难，选用精确算法求解难以获得真实的最优解；而启发式算法针对特定场景设计，难以保证比较满意的优化效果。近年来，在求解机位分配问题中，遗传算法等智能优化算法获得了广泛的关注和应用。考虑到粒子群算法的并行优化特点及在求解动态多目标优化问题上的优势，本章以近机位使用率最大及机位空闲时间的均衡性为优化目标，建立机位分配的优化模型，以期实现机位的合理分配，进而利用粒子群优化求解机位分配模型，获得优化分配方案。本章方法可以提高解的优化效率，得到满意的可行解，进而提高机场运行效率，这对于民航业的发展具有很重要的现实意义。

7.2　机位分配问题描述

7.2.1　机位分配问题约束条件

在给航班具体分配停机位时，要考虑多种制约因素，如机位大小是否与机型匹配，机位是否允许停靠国际航班，机位允许停靠哪些航空公司，同一个机位停靠的前后航班要保持一定的时间间隔等。这些约束条件相互影响，表现出复杂的非线性关系。在机位分配问题时，要考虑到不同的约束条件，只有满足了机场所有约束条件的分配方案才是合理可行的。下面对这些约束条件进行分类讨论。

(1)刚性约束及柔性约束

根据约束条件在具体问题中发挥作用的强弱，可以分为刚性约束和柔性约束。

刚性约束是指必须满足的约束，比如航班的独占性约束；柔性约束是指最好能够满足，但如果不满足也不会影响机位分配计划的可行性约束，如某航班属性为东方航空公司，那么此航班最好安排在距离东航服务代理点较近的停机位，以使乘客能够得到更好的服务。

（2）基本约束及附加约束

根据对应用环境的依赖性不同，问题的约束可以分为基本约束条件及附加约束条件两种。基本约束对应用环境不依赖，在所有的机位分配过程中都要满足，比如机位—机型匹配约束，独占性约束等；附加约束对应用环境依赖，在特定的问题中有特定的约束，为尽量满足的约束。

不同类别的约束，在一定条件下可以相互转化。刚性约束可以看作是柔性约束的特殊情况，当柔性约束表达的某种意向特别强烈时就转化为刚性约束。基本约束是一般机位分配过程中必须满足的，附加约束只有在具体应用场合才发生作用，起到对基本约束补充的效果。基本约束经常表现为刚性约束，而附加约束有时表现为柔性约束，有时表现为刚性约束。这些约束相互补充，构成机位问题完备的约束集合。在本章机位分配优化建模中，充分考虑基本约束和附加约束，具体分析如下。

7.2.1.1　基本约束条件

1．机位基本约束条件

机位基本约束条件有机位—机型，机位—属性，机位—航空公司，机位—任务，机位—占用时间，安全时间间隔约束及开放性，独占性约束等，具体如下。

（1）机位—机型

机型一般按照飞机的外形尺寸和载客人数来划分。为了简化处理，把飞机描述成大型机、中型机、小型机三类。民航规定，一般载客数超过 200 人的飞机为大型飞机；载客数在 100～200 人的为中型飞机，如波音 737 系列和空客 320 系列；载客数在 100 人之下的是小型飞机。机场波音、空客等部分机型分类规则如表 7.1 所示。

表 7.1　机场部分机型与本章机型的分类规则对照表

机型	全称	最大载客人数	机型分类
A319	空中客车 A319	124	中型
B733	波音 737-300	149	中型
B734	波音 737-400	188	中型
B737	波音 737-700	126-149	中型

机型	全称	最大载客人数	机型分类
B738	波音 737-800	162-189	中型
A320	空中客车 320	150	中型
MA60	新舟 60(中国民用客机)	52-60	小型
M83	波音公司(道格拉斯)MD-83	109-134	中型
EMB190	巴西航空工业公司 新一代喷气客机	98-114	小型
ZZ	公务机		小型
B767	波音 767	214	大型
A340	空中客车 A340	340	大型

航班的机型要与机位的大小相匹配，即航班所停靠的机位必须能容纳此航班的机型，如小型机位只能停靠小型航班，中型机位能够停靠中、小型航班，大型机位能够停靠大型、中型、小型航班。

(2)机位—国内国际属性

机位的停靠属性要与航班属性相匹配，如机位只要求停靠国际航班，则国内航班就不该安排在该机位上；机位只要求停靠地区航班，那么国内国际属性的航班就不能停靠在此停机位，地区属性指包括香港、澳门、台湾地区的航班。

(3)机位—航空公司

航班所属的航空公司要与机位要求停靠的航班公司相匹配，如一个机位只能停靠中国国际航空公司的航班,就不能把中国东方航空公司的航班安排在该机位。表 7.2 给出一些航空公司的具体名称，方便后续仿真。

表 7.2　航空公司对应全称

航空公司代码	中文全称
MU	中国东方航空公司
JR	幸福航空公司(新舟 60 为主)
CA	中国国际航空公司
CZ	中国南方航空公司
HU	海南航空公司
ZH	深圳航空公司
8L	云南祥鹏航空公司
GS	天津航空公司(小型)
SC	上东航空公司
OX	泰国东方航空公司
NX	澳门航空公司
MF	厦门航空公司
PN	西部航空公司
ZZ	专用机
JD	金鹿航空公司
FE	台湾远东航空公司

(4)机位—任务

如果该机位只允许正班航班停靠，那么公务机和需要调机的航班就不能安排在该机位。

(5)机位—占用时间

航班的到港时刻和离港时刻是已知的。那么机位占用时间为离港时刻与到港时刻的时间差。

2．开放性约束

机位分为近机位和远机位，只有开放的机位才能投入使用。停机位集合 $G = \{G_j | j = 1, 2, \cdots, M\}$，$j$ 表示机位编号，$G_j = 1$ 表示 j 机位开放。

3．独占性约束

在同一时刻，同一个停机位只能分配给一个航班。数学描述为：假设航班集合 $F = \{F_i | i = 1, 2, \cdots, N\}$，$i$ 表示航班集合；$\sum_{j=1}^{m} x_{ij} = 1$，$1 \leqslant i \leqslant N$，$x_{ij} = 1$ 表明第 j 个机位停靠第 i 个航班。

4．安全时间间隔约束

同一时间，一个停机位不允许分配给两个及其以上的航班。为了减少停机位使用冲突，防止一些意外情况造成某航班不能按时降落或按时起飞，影响到其他航班的正常停靠，为此，给在同一个机位上停靠的前后两个相邻航班之间设置了安全时间间隔。

为了简化算法实现过程，本章对不同型号的机位和机型不做区分，设相邻两个航班之间最小时间间隔为一个固定的相同值 Δt。如图 7.2 所示，矩形表示第 i 号和第 j 号航班分别占用停机位的时间，两个矩形之间部分为航班的空闲时间。

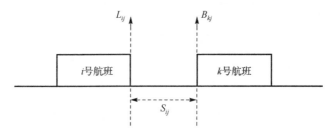

图 7.2　机位的空闲时间表示

其中，L_{ij} 表示航班 i 从机位 j 的离港时间，B_{kj} 表示航班 k 停靠停机位 j 的时间，S_{ij} 表示分配在第 j 个机位的两个相邻航班 i，k 的空闲时间，计算公式为

$$S_{ij} = B_{kj} - L_{ij} \tag{7-1}$$

$$B_{kj} - L_{ij} \geqslant \Delta t, \; \forall (i,j,k) \in \{(i,j,k) \,|\, B_{ij} < B_{kj}\} \tag{7-2}$$

7.2.1.2　附加约束条件

除基本的机位约束条件之外，实际上，机位分配问题还需一些额外的优选条件，比如机位优先级与机位大小有关，小机位赋予较高的优先级，以防出现大机位先被分配给小型航班，而新到的大型航班无处停靠；还如机位优选规则、地理位置优选规则等。

（1）机位优选规则（尽可能满足）

所谓优选规则，就是指某些航班在满足某些特别给定的航班信息条件下，机场可以得到该航班的几个优选机位集合，且这几个优选机位集合被赋予权值，最终该航班的停靠机位是从权值大的优选机位集合中选择（这些优选规则是机场方面凭经验所得总结，在特定几个条件下反映了旅客对航班停靠的机位的满意度）。举例如表 7.3 所示。

表 7.3　机位优选规则示例

条件	优选机位集合 1	权值 1	优选机位集合 N	权值 N
航班公司=CZ 且航班=1111 或者计划起飞时间 >12:00	4, 7, 9	100	1, 2, 3	90

表 7.3 表示如果一个航班是属于中国南方航空公司（CZ）同时航班号为 1111，或者此航班计划起飞时间在 12:00 以后，那么此航班停机位优选集合有两个 {4,7,9}，{1,2,3}，第一个优选集合权值为 100，第二个优选集合权值为 90，那么为该航班分配机位就应该从优选集合权值最高的集合中选择。具体规则又如表 7.4 所示。

表 7.4　机位分配问题优化规则

条件	优选机位集合 1	权值 1	优选机位集合 N	权值 N
航班进港承运人=CZ 或航班进港时间>12:00	4, 7	100	1, 2, 3	90
航班进港属性=国际 且航班进港承运人=MU	1, 5	90	2, 3, 6	80
航班进港承运人=CZ 且航班进港任务=正班 或机型=B737	2, 3, 5	100	4, 6	90
航班进港承运人=FE 或航班离港承运人=NX	5, 7	100	3	90

(2)地理位置优先级

分配机位除考虑机位的物理特性外，还会考虑与机场、航空公司实际运营之间的利益关系。如南航、东航、厦航的飞机要放在西面，其他的放在东面；国际航班放在东一指廊等。不同的航空公司，一般偏爱使用近机位，有时也会有一些特殊的喜好。所谓的地理位置优先级考虑的就是某航空公司服务代理的航班尽量停靠在该代理的附近机位处，如表7.5所示。

表 7.5　服务代理地理位置信息

某航空公司的代理服务区	就近停机位
MU	1, 2, 3, 4, 5
HU	3, 4, 5, 6, 7
CA	2, 3, 4, 5
PN	3, 4, 5, 6, 7

航空公司代理服务区在航站楼内，为乘坐本航空公司航班的旅客提供相应的服务。如表7.5中，隶属于MU航空公司的航班尽可能停靠在1，2，3，4，5号停机位。

7.2.2　机位分配问题的优化目标函数

机位分配的基本任务就是为特定航班的飞机分配适当的停机位，使其目标呈现多样化。机位分配问题可分为静态分配和动态分配，静态分配指的是在分配工作之前，根据当日航班计划，对全部航班进行一次停机位分配；动态分配指的是如果遇到由于恶劣天气和人为原因等造成航班延误时，需要对之前的静态分配方案局部或者全部动态调整。此外，制定分配计划要综合考虑多种情况，避免出现有些机位航班安排拥挤，有些比较空闲的情况，因此选取机位空闲时间的均衡性为优化目标；还要求较多的航班停靠在近机位，即近机位的使用率最大等。在不同情况下，这些目标重要程度不同，且目标之间还存在冲突，因此在制定分配计划时要对不同目标要求进行统筹考虑。本章主要研究在不考虑由于突发事件等引起的调度问题，在满足7.2.1节所述约束的条件下，机位分配要实现的两个目标。

(1)近机位的使用率达到最大

提高近机位使用率，能够提高旅客满意度，同时还可以减少地面服务的调配距离，提高机场运作效率。

定义 i 表示航班号，总数为 N；j 表示停机位号，总数为 M。在 M 个停机位中，$1 \sim s$ 为近机位，那么将 S 表示为停机位是近机位的集合，且 $S = \{j \mid j \leq s\}$。x_{ij} 表示分配停机位时设置的参数，$x_{ij} = 1$ 表示当且仅当航班 i 分配在停机位 j，否则

$x_{ij}=0$。停靠在近机位的航班数越多，近机位使用率越大。那么机场近机位使用率的数学描述表示为

$$f_1 = \frac{\sum_{i=1}^{N}\sum_{j=1}^{s} x_{ij}}{N} \tag{7-3}$$

(2)均衡使用停机位，使停机位的空闲时间相对均衡

将所有机位的空闲时间相对均衡作为优化目标，数学表示为机位空闲时间的平方和最小。此优化目标可以保证有紧急情况发生时，工作人员还能够有足够的时间对航班分配进行调整，最大限度不影响其他航班。

通过查找文献，机位使用空闲时间均衡指所有机位航班之间空闲时间的均衡。S_{ij} 表示停机位 j 相邻两个航班(i 和 k)的空闲时间间隔。那么将停机位各空闲时间段的方差最小化，建立的目标函数为

$$f_2 = \sum_{j=1}^{m}\sum_{i=0}^{n} (S_{ij} - \overline{S})^2 \tag{7-4}$$

其中，$\overline{S}$ 表示所有机位空闲时间段的平均值。在航班时刻确定的情况下，所有航班空闲时间的总和是一定的，目标函数简化为

$$f_2 = \min \sum_{j=1}^{m}\sum_{i=0}^{n} S_{ij}^{2} \tag{7-5}$$

f_1, f_2 这两个目标是相互制约的，机位分配符合其中的一个目标就会牺牲另一个目标的达成情况，将机场运行安全作为刚性约束条件，近机位使用率最大，同时满足机位空闲时间均衡为优化目标，构造优化模型为

$$\min\left\{ \frac{\sum_{i=1}^{N}\sum_{j=1}^{s} x_{ij}}{N}, \sum_{j=1}^{m}\sum_{i=0}^{n} S_{ij}^{2} \right\} \tag{7-6}$$

此处可以采用传统的线性加权法，公式(7-6)可转化为单目标问题，为

$$f = \min\left(\alpha \frac{\sum_{i=1}^{N}\sum_{j=1}^{s} x_{ij}}{N} + \beta \sum_{j=1}^{m}\sum_{i=0}^{n} S_{ij}^{2} \right)$$

其中，α，β 的大小代表各子目标权重，可以根据机场的实际情况赋值。

7.3 机位分配优化模型建立

7.3.1 假设条件

为了使建立的模型能够更好地反映机位分配的过程，明确机位分配所满足的条件，做如下假设。

(1)有限时范围假设

实际的机位分配过程具有连续性，且整个停机位的分配过程没有明确的初始状态和终止状态。通过有限时间段假设将无限离散系统转化为有限离散系统问题进行处理。本部分考察的是一个自然工作日，航班的时间段一般从 0 点至 24 点左右。

(2)容量满足假设

假设在有限时间范围内，进入机场航班量在机场停机位容量允许的范围内，机场每一个航班都会有一个合适的停机位用来停靠。

(3)信息完备性假设

在机位分配的前一天或者某一时刻，机场第二天需要安排的航班、机场的所有相关信息提前已知。

7.3.2 模型建立

设某机场共有 M 个机位，机位集合为 $G = \{G_j \mid j = 1, 2, \cdots, M\}$，$j$ 为机位编号，在 T 时间段内，航班数为 N，$M < N$。航班集合为 $F = \{F_i \mid i = 1, 2, \cdots, N\}$，$i$ 为航班编号。

以近机位使用率最大和机位空闲时间均衡为目标建立机位分配的模型为

$$f = \min\left(\alpha \frac{\sum_{i=1}^{N}\sum_{j=1}^{s} x_{ij}}{N} + \beta \sum_{j=1}^{m}\sum_{i=0}^{n} S_{ij}^{2} \right) \tag{7-7}$$

$$S_{ij} = R_{kj} - L_{ij}, \forall (i,j,k) \in \{(i,j,k) \mid R_{ij} < R_{kj}\} \tag{7-8}$$

$$S_{0j} = R_{kj} - ST_j, k = \min(i), i \in \{i \mid x_{ij} = 1\} \tag{7-9}$$

$$S_{(n+1)j} = ET_j - L_{kj}, k = \max(i), i \in \{i \mid x_{ij} = 1\} \tag{7-10}$$

公式(7-8)描述了机位在使用过程相邻的两个航班使用同一机位的空闲时间，公式(7-9)和公式(7-10)用来计算机位边界空闲时间。

约束条件如公式(7-11)～公式(7-17)所示，各符号的具体含义见表7.6。

$$\sum_{j=1}^{M} x_{ij} = 1, \quad 1 \leqslant i \leqslant N \tag{7-11}$$

$$x_{ij} = \{0,1\} \tag{7-12}$$

$$G_j = 1 \tag{7-13}$$

$$R_{kj} - L_{ij} \geqslant \Delta t, \quad \forall (i,j,k) \in \{(i,j,k) \mid R_{ij} < R_{kj}\} \tag{7-14}$$

$$\sum_{j=1}^{M} x_{ij} \times (G_j\_size - Q_i\_size) \geqslant 0, \quad 1 \leqslant i \leqslant N, \ 1 \leqslant j \leqslant M \tag{7-15}$$

$$x_{ij} = 1 \& \quad Q_i\_type \in G_j\_constraint, \quad 1 \leqslant i \leqslant N, \ 1 \leqslant j \leqslant M \tag{7-16}$$

$$x_{ij} = 1 \& \quad Q_i\_airline \in G_j\_constraint, \quad 1 \leqslant i \leqslant N, \ 1 \leqslant j \leqslant M \tag{7-17}$$

表 7.6　各参数含义

参数	参数说明	参数	参数说明
M	机场机位的总数	N	在时间段 T 内需要分配的航班总数
α	权重系数且满足 $0 \leqslant \alpha \leqslant 1$	β	权重系数且满足 $0 \leqslant \beta \leqslant 1$
R_{ij}	航班 i 实际到达机位 j 的时间	E_{ij}	航班 i 的预计到达机位 j 时间
L_{ij}	航班 i 实际离开机位 j 的时间	G_j_size	停机位的大小
Q_i_size	航班的大小	Δt	两架航班使用同一机位的最小时间间隔
x_{ij}	航班 i 停靠在机位 j 时 $x_{ij}=1$	S_{0j}	机位 j 在开始启用时的空闲时间
S_{ij}	机位使用时的空闲时间	$S_{(n+1)j}$	机位 j 在结束使用时的空闲时间
ST_j	在时间段 T 机位 j 开始启用时间	ET_j	在时间段 T 机位 j 结束使用时间
G_j_type	航班属性信息	$G_j\_constraint$	停机位属性信息
$G_j\_airline$	航班航线信息		

公式(7-11)表示机位使用的唯一性，当第 i 个航班分配到第 j 个机位时 $x_{ij}=1$，否则，$x_{ij}=0$；公式(7-12)表示 0-1 约束变量；公式(7-13)表示机位开放；公式(7-14)表示停机位使用的安全约束；公式(7-15)表示在机位分配时，机型与机位相匹配的约束；公式(7-16)，公式(7-17)表示航班属性与机位属性匹配约束。

7.4　基于粒子群算法的机位分配问题优化求解

7.4.1　适应度函数设计

为了评价粒子群体中个体的好坏情况，粒子群算法需要引入一个评价指标作为算法迭代机制的参考依据，这个评价指标就被定义为适应度值。又根据变量的不同，将适应度的计算方式描述为适应度函数，进而用来评价个体是否能适应模型的目标函数。适应度函数一般与模型定义的目标函数有紧密的关系。

适应度函数的设计要综合考虑目标函数和约束满足的问题，此处需要考虑近机位使用率最大和停机位空闲时间均衡两个目标，并要在满足基本约束条件下，尽可能满足附加约束条件。为了保证适应度函数值最小为最优目标，设计适应度函数为

$$F = \frac{f_2}{f_1} \cdot \frac{\Gamma_{Cr}^*}{\Gamma_P^*} \tag{7-18}$$

其中，$\Gamma_{Cr}^*(\cdot)$ 表示所有的基本约束，包括机位—机型，机位—属性，机位—任务，机位—安全时间等；$\Gamma_P^*(\cdot)$ 表示所有附加约束的罚值和。

当所有基本约束满足时，$\Gamma_{Cr}^* = 0$，不满足为 1。如当约束不满足，那么适应度值增大，达到惩罚的目的。此外，根据附加约束处理方法，Γ_P^* 能够得到对应的罚值。

7.4.2 航班分配层次排序算法设计

在机位分配过程中，要考虑将难分配的航班优先分配，有利于减少航班分配冲突，提高分配效率。航班分配的难易程度与航班进港时段与航班可分配的机位数有关系。也就是说，在某个时间段进港的航班数目越多，这个时段就定义为航班越拥堵时段，这个时段的航班也就越难分配；根据基本约束条件，得出航班在满足约束下的可分配停机位数，如果可分配机位数越多，就表明此航班易分配。因此本节将时间段拥堵级别和可分配机位数两个因素作为航班最终受约束影响排序的决策因素，并提出难度系数度量层次排序法，步骤如下。

步骤 1 先将需要安排的时间段按照一定时间间隔均匀细分，如按照 0.5 小时间隔分，那么 24 小时长的时间段分为 1 时刻，1.5 时刻，2 时刻，…。然后根据航班进港时间小于此时刻及航班离港时间大于此时刻的条件统计每个时刻进入机场的航班数目。

步骤 2 根据统计的航班进入数目大小，将进入数目相同的时刻归为一个时间集合，简称为时间段。再根据航班进入数目大小将时间段排序，并由此将此时间段内的所有航班归类，此为排序第一层次。进入数目越多的时间段定义为航班拥堵时间段，那么此时间段的航班拥堵级别高，相应的优先级别高，就优先分配。

步骤 3 对于每个时间段内的航班进行第二层次排序。具体来讲，根据基本机位—机型约束条件，判断得出每个航班的可分配机位数；将时间段内部的航班按照可分配机位数由小到大排序。可分配机位数少的航班，表明更难分配，优先级别高。

步骤 4 综合以上两个层次的排序，最终得到所有航班的难易排序结果。

算法流程如图 7.3 所示。

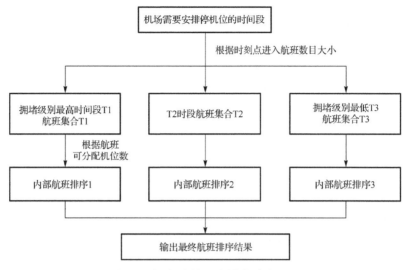

图 7.3　航班难易层次排序法流程图

7.4.3　机位分配优化模型约束处理

1．基本约束处理

关于基本约束条件，本章在模型的建立和数据结构的设计中就已经考虑到，具体地，在运用 PSO 算法对机位分配问题的求解中，构建了如下约束集合矩阵来处理约束条件。

(1)机位—机型约束矩阵

机场停机位的大小是给定的，如机位 1～3 为大型停机位，4～8 为中型停机位，9～10 为小型停机位。在问题描述的数据结构程序设计中，假设机场有 N 架次飞机需要安排，其中 1—代表大型飞机，2—代表中型飞机，3—代表小型飞机；M 个机位规模属性为 "1—大型，2—中型，3—小型"，那么对应的机位—机型数据结构矩阵为 $\mathbf{GT}$，矩阵维数为 $m \times 3$，行表示停机位，列表示机位机型分别为大，中，小。

$$\mathbf{GT}_{m \times 3} = \begin{bmatrix} gt_{11} & gt_{12} & gt_{13} \\ gt_{21} & gt_{22} & gt_{23} \\ \vdots & \vdots & \vdots \\ gt_{m1} & gt_{m2} & gt_{m3} \end{bmatrix} \tag{7-19}$$

如果停机位 m 是大型停机位，允许停靠大、中、小型航班，那么这行对应的三个元素 gt_{m1}，gt_{m2}，gt_{m3} 值分别为 1，2，3；如果机位 m 为中型停机位，允许停靠中小型航班，对应的行元素 gt_{m1}，gt_{m2}，gt_{m3} 为 0，2，3；如果机位为小型机位，只允许停靠小型航班，对应的行元素值 gt_{m1}，gt_{m2}，gt_{m3} 为 0，0，3。

(2)机位—国内国际属性约束矩阵

假设 1—代表国内航班，2—代表国际航班，3—代表地区航班机位—国内国际属性数据结构表示为矩阵 **GI**，矩阵维数为 $m \times 3$，行表示停机位，列表示属性分别为国内，国际，地区。航班—国内国际属性数据结构表示为矩阵 **FI**，矩阵维数为 $1 \times N$。

$$\mathbf{GI}_{m \times 3} = \begin{bmatrix} gi_{11} & gi_{12} & gi_{13} \\ gi_{21} & gi_{22} & gi_{23} \\ \vdots & \vdots & \vdots \\ gi_{m1} & gi_{m2} & gi_{m3} \end{bmatrix}, \quad \mathbf{FI} = \begin{bmatrix} fi_{11} & fi_{11} & \cdots & fi_{1N} \end{bmatrix} \quad (7\text{-}20)$$

如果停机位 m 只允许停靠国内属性航班，那么矩阵 m 行元素对应数值为 1，0，0；如果停机位 m 允许停靠国内，国际，地区航班，那么矩阵 m 行元素对应数值为 1，1，1。当航班 n 为国际属性时，对应的元素 fi_{1n} 为 2。

(3)机位—航空公司约束矩阵

机场的航班总共来自于 k 个航空公司，分别编号为 1，2，$\cdots$，k。构建机位—航空公司数据结构矩阵为 **GC**，矩阵维数为 $m \times k$，行表示停机位，列表示航空公司；航班—航空公司属性结构矩阵为 **FC**，矩阵维数为 $1 \times N$。如果机位 m 允许停靠 g 航空公司航班，那么元素 gc_{mk} 为 1，否则为 0。当航班 n 为国际属性时，对应的元素 fc_{1n} 为相应航空公司编号。

$$\mathbf{GC}_{m \times k} = \begin{bmatrix} gc_{11} & gc_{12} & \cdots & gc_{1k} \\ gc_{21} & gc_{22} & \cdots & gc_{2m} \\ \vdots & \vdots & & \vdots \\ gc_{m1} & gc_{m2} & \cdots & gc_{mk} \end{bmatrix}, \quad \mathbf{FC} = \begin{bmatrix} fc_{11} & fc_{11} & \cdots & fc_{1N} \end{bmatrix} \quad (7\text{-}21)$$

(4)机位—任务约束矩阵

假设 1—代表正班，2—代表公务，3—代表调机，构建机位—任务数据结构矩阵为 **GS**，矩阵维数为 $m \times 3$，行表示停机位，列表示任务类型。航班—任务属性结构矩阵为 **FS**，为 $1 \times N$。

$$\mathbf{GS}_{m \times 3} = \begin{bmatrix} gs_{11} & gs_{12} & gs_{13} \\ gs_{21} & gs_{22} & gs_{23} \\ \vdots & \vdots & \vdots \\ gs_{m1} & gs_{m2} & gs_{m3} \end{bmatrix}, \quad \mathbf{FS} = \begin{bmatrix} fs_{11} & fs_{11} & \cdots & fs_{1N} \end{bmatrix} \quad (7\text{-}22)$$

如果机位 m 只允许正班航班停靠，那么 **GS** 矩阵对应的元素分别为 1，0，0。

(5)机位安全时间间隔约束

航班之间安全间隔为一个固定的值，此约束在判定航班冲突时需要考虑。

2. 附加约束条件处理

附加约束条件对应用环境的依赖性比较大，最终将会影响解的满意度。通过查看各类文献，本章通过引进罚项，并调整适应度函数的方法来处理此类附加约束条件。将附加约束条件抽象为一组规则，编号 1, 2, 3,…，给每个规则相应的罚项值，建立罚值表。其中，罚项值的符号根据约束意向性确定(较明显的就为正数，要求不太明显的就为负数)，罚项值绝对值根据约束意向性的强烈程度来确定。举例如表 7.7 所示。

表 7.7　罚值表

附加约束规则	设置罚项值
$R1$	100
$R2$	90
$R3$	80
$R4$	90

停机位 j 配给航班 i，对一次停机位分配计算出适应度值，并查阅罚值表，对适应度函数值进行罚项修正。如果该次分配方案与罚值表某一条规则匹配，则给该次分配的适应度函数值加上响应规则的罚项值；如果该次分配与罚值表的多项规则匹配，则给适应度函数值加上这些相应规则罚项值的算术平均值。对应的知识库和罚值表根据具体情况人为进行维护。

7.4.4　基于 Round 规则的停机位编码设计

本章机位分配研究中采用基于 Round 规则的编码设计，其实际上是基于四舍五入取整的实数编码规则。$X = \mathrm{Round}(xx)$ 表示对数组 xx 中每个元素朝最近的方向取整数部分，并返回与 xx 同维的整数数组 X。根据 xx 中各分量值的 Round 值，结合模运算，实现从个体的连续位置矢量到停机位分配方案的编码转换。具体应用到机位问题中，编码过程如下。

(1) 将每个航班的位置分量 xx 进行四舍五入取整值，得到各自相应的 Round 值。

(2) 由于在约束处理后得到每个航班的可分配停机位，那么以航班相应的可分配停机位数 N 为模，将 Round 值的每个元素都进行求模运算，结果为

$$\mathrm{xtmp} = \frac{\mathrm{Round}值}{可分配机位数 N} + 1。$$

(3) 找到每个航班对应的可分配机位集合 $A = [a_1, a_2, \cdots, a_N]$。

(4) 将集合 A 中的第 xtmp 个元素作为得到的编码值。

现假设有 8 个航班，3 个停机位，编码过程如表 7.8 所示。

表 7.8　机位分配编码

航班号 i	1	2	3	4	5	6	7	8
位置分量 xx	2.36	1.25	2.69	3.58	5.36	4.72	3.66	6.24
Round 值	2	1	3	4	5	5	4	6
航班有效 机位数 N	3	2	3	3	3	3	2	1
xtmp 值	3	2	1	2	3	3	1	1
集合 A	{1,2,3}	{1,2}	{1,2,3}	{1,2,3}	{1,2,3}	{1,2,3}	{1,2}	
编码值	3	2	1	2	3	3	1	1

通过 Round 规则编码得到的数值即为每个航班对应停靠的停机位,具体分配方案如表 7.9 所示。

表 7.9　机位分配最终结果(8 个航班,3 个停机位)

停机位	1	2	3
停靠航班号	3, 7, 8	2, 4	1, 5, 6

7.4.5　航班机位冲突判定算法的设计

本研究通过判别航班机位是否有发生冲突的情况出现,对出现航班冲突的不可行解进行调整,设计了一种新的航班时间冲突判定算法,算法具体步骤如下。

(1)判定航班冲突

如果航班 i 和 j 到港时间相同,那么这两个航班明显违反安全时间约束,肯定存在时间冲突,因而不能给这两个航班分配到同一个停机位;如果航班 i 的到港时间处于航班 j 的到港时间和离港时间之间,那么两航班存在时间冲突;若航班 j 的到达时间介于航班 i 的到达时间和离开时间之间,那么两航班也存在时间冲突[36,37]。也就是说,航班的进港时间要大于等于进入该机位的上一个航班的离开时间,航班的离港时间要小于等于进入该机位的下一个航班的到港时间。

(2)不可行解的调整策略

找到发生冲突的航班后,需要给此航班安排新的停机位。通过对航班不可行机位进行灵活调整,以实现航班机位的正常安排,这里就需要提出一种不可行解的调整策略。此处采用的调整策略为:将每个航班的位置分量 xx 处理为 $xx+1$,然后按照 Round 编码,进而为航班分配到合理的停机位。

7.4.6　求解停机位分配问题的 PSO 算法设计

求解停机位分配问题的 PSO 算法步骤如下。

步骤 1　录入航班和机位的各种信息,将航班和停机位的信息建立为数据结构。

步骤 2　根据航班分配层次排序算法对航班进行难易排序,得到航班的排序结果。

步骤 3　根据航班机位机型大小匹配约束条件，得到每个航班的可分配机位集合和可分配机位数。

步骤 4　选择基于罚函数的约束多目标粒子群优化算法，初始化粒子群，初始化参数包括最大迭代次数，并基于 Round 规则对停机位进行编码。

步骤 5　计算适应度值，更新个体最优位置和群体最优位置。

步骤 6　根据粒子位置和速度更新公式对粒子位置进行更新，重新计算适应度函数值。

步骤 7　达到最大迭代次数得出最优，即机位的最优分配方案。

求解机位分配问题的 PSO 算法流程如图 7.4 所示。

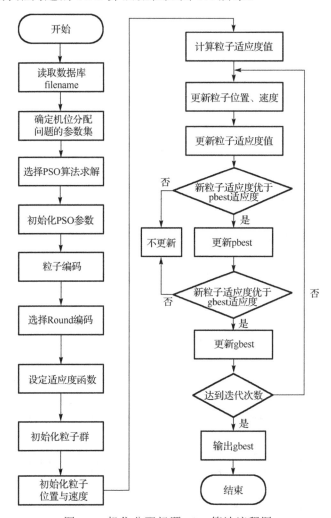

图 7.4　机位分配问题 PSO 算法流程图

7.5　实验仿真及数值分析

7.5.1　案例描述

将粒子群优化算法应用于求解某机场停机位优化分配问题，假设机场在 0 点到 24 点开放，可供分配的停机位有 17 个，编号从 1 到 17，这些停机位属性如表 7.10 所示。对照机场布局图，那么，机位 1～14 在廊桥处，为近机位；机位 15～17 在站坪外侧，为远机位。航班数据采用如表 7.11 所示的某机场某日从 0 点到 24 点的 71 架航班信息。

表 7.10　机位属性描述

机位	属性	状态
1	近机位	大
2	近机位	小
3	近机位	大
4	近机位	中
5	近机位	中
6	近机位	小
7	近机位	中
8	近机位	中
9	近机位	中
10	近机位	中
11	近机位	小
12	近机位	中
13	近机位	中
14	近机位	小
15	远机位	中
16	远机位	大
17	远机位	大

表 7.11　航班时刻表

编号	飞行任务	航班属性	到达时间（时刻）	停留时间（时）	机型
1	调机	国内	8:40	1.10	320
2	正班	国内	4:31	3.34	MA60
3	正班	国内	9:40	1.05	320
4	正班	国内	9:40	1.10	MA60
5	正班	国内	10:00	0.55	MA60
6	正班	国内	10:05	0.50	738

编号	飞行任务	航班属性	到达时间(时刻)	停留时间(时)	机型
7	正班	国内	10:20	1.05	737
8	正班	国内	10:35	0.45	738
9	正班	国内	10:47	1.33	738
10	正班	国内	10:50	1.25	738
11	正班	国内	11:10	0.55	738
12	正班	国内	10:00	0.50	320
13	正班	国内	11:20	0.30	738
14	正班	国内	11:25	1.10	EMB190
15	正班	国际	11:45	1.35	733
16	正班	国内	12:00	1.05	733
17	正班	国内	12:00	1.35	320
18	正班	地区	12:20	1.20	733
19	正班	国内	12:20	3.10	738
20	正班	国内	12:30	1.05	320
21	正班	国内	12:30	1.35	320
22	正班	国内	12:35	0.45	MA60
23	正班	国内	12:40	0.50	738
24	正班	国内	13:05	1.20	320
25	正班	地区	13:10	1.05	738
26	正班	国内	4:31	5.24	EMB190
27	正班	国内	13:25	1.25	320
28	正班	国内	13:35	1.05	319
29	正班	国内	13:35	1.25	MA60
30	正班	国内	13:55	1.10	738
31	正班	国内	14:00	1.20	738
32	正班	国内	14:00	1.35	320
33	正班	国内	14:20	0.50	738
34	公务	国内	4:31	1.00	734
35	正班	国内	14:40	7.09	738
36	正班	国内	15:10	1.00	319
37	正班	国内	15:25	0.50	ZZ
38	正班	国内	15:35	0.50	738
39	正班	国内	15:40	0.50	EMB190
40	正班	国内	16:20	0.40	733
41	正班	国内	16:20	1.25	319
42	正班	国内	16:35	0.55	738
43	正班	国内	16:40	1.00	738
44	正班	国内	16:45	1.10	320
45	正班	国内	16:50	1.14	320

编号	飞行任务	航班属性	到达时间(时刻)	停留时间(时)	机型
46	正班	国内	17:05	1:00	EMB190
47	正班	国内	17:20	0.30	MA60
48	正班	国内	17:25	0.55	738
49	正班	国内	17:30	1.10	737
50	正班	国内	17:35	1.25	320
51	正班	国内	17:45	0.55	320
52	正班	国内	17:45	1.25	738
53	正班	国内	17:50	0.40	738
54	正班	国内	17:55	1.25	737
55	正班	国内	17:55	1.15	319
56	正班	国内	18:00	1.05	320
57	正班	国内	18:10	0.50	319
58	正班	国内	19:05	0.55	320
59	正班	国内	19:20	0.39	738
60	正班	国内	19:40	1.19	738
61	正班	国内	19:40	1.00	EMB190
62	正班	国内	19:50	0.50	320
63	正班	地区	20:10	1.10	MA60
64	正班	国内	20:35	1.05	738
65	正班	国内	20:40	1.19	319
66	正班	国内	20:40	1.00	M83
67	正班	国内	22:00	1.30	738
68	正班	国内	22:10	1.09	MA60
69	正班	国际	23:10	0.35	738
70	正班	国内	23:10	0.35	320
71	正班	国内	23:45	0.34	320

　　本实验采用的附加约束条件为第7.2.1.2节中的具体优选规则和地理位置优先级(见表7.4和表7.5)。

7.5.2　参数设置

　　本实验硬件采用 Intel(R) Pentium(R) CPU G630 @2.70GHz，内存为 4.00GB 的计算机，基于 Matlab 平台(Matlab 7.9.0)进行案例仿真。PSO 算法的基本参数设置为：算法最大迭代次数设置为 1000 次；选取 PSO 算法拓扑结构为环形结构，每个粒子和周围的两个邻居进行信息交换；粒子数设置为 15，惯性权重 ω 为 0.79，$c_1 = c_2 = 1.49$。

7.5.3　仿真结果

（1）航班难易程度排序结果

根据本章设计的航班分配层次排序算法仿真，得到航班排序情况如图 7.5～图 7.7 所示。其中，图 7.5 表示航班进入机场时刻数值表，图 7.6 表示每个时刻进入机场航班数目统计结果，图 7.7 表示航班可分配机位数值图（蓝色部分为不可分配的停机位）。

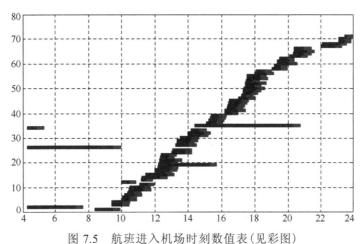

图 7.5　航班进入机场时刻数值表（见彩图）

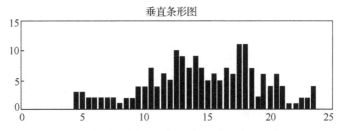

图 7.6　每个时刻进入机场航班数目统计图

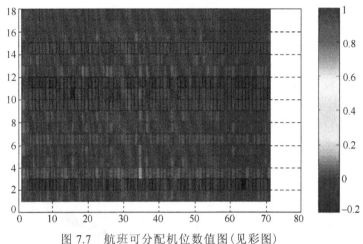

图 7.7　航班可分配机位数值图(见彩图)

最终得到航班由难到易的分配顺序见表 7.12。

表 7.12　航班排序结果

顺序号	航班号										
1~12	44	35	45	49	50	52	46	47	48	53	51	19
13~24	16	20	23	14	17	21	18	22	15	27	28	30
23~36	31	32	24	29	25	5	6	7	10	33	40	42
37~48	43	57	9	12	41	54	55	56	8	38	60	62
49~60	65	11	36	39	58	61	64	66	59	13	37	63
61~71	26	3	1	4	68	71	70	69	2	34	64	

(2)最优函数值及 CPU 时间

最大迭代次数为 1000，将算法运行 10 次，最终优化目标函数值和 CPU 运行时间(保留三位有效数字)分别参见表 7.13。

表 7.13　最终优化函数值和 CPU 时间

次数	1	2	3	4	5	6	7	8	9	10
适应度函数值	14.809	14.364	15.243	14.693	15.190	13.820	15.424	15.158	15.763	15.158
CPU 时间/s	88.539	87.086	91.001	87.124	87.593	87.671	89.085	87.044	86.257	87.220

(3)机位分配结果及分析

表 7.12 中第九次优化的机位分配结果具体如表 7.14 所示，其甘特图如图 7.8 所示。

表 7.14　机位分配结果

机位号	机位上分布的航班号	数目统计
1	4, 14, 28, 42, 51, 69	6
2	2, 44, 60	3
3	16, 24, 49	3
4	5, 17, 30, 38, 52, 58, 68	7
5	3, 21, 40, 53, 62	5
6	18, 41, 55	3
7	6, 13, 22, 33, 39, 57, 61, 67	8
8	7, 15, 35, 71	4
9	10, 25, 50, 65	4
10	8, 27, 46, 66	4
11	0	0
12	32, 47, 56, 63	4
13	34, 9, 37, 48, 64, 70	6
14	11, 36, 43	3
15	20, 31, 54, 59	4
16	26, 12, 19	3
17	1, 23, 29, 45	4

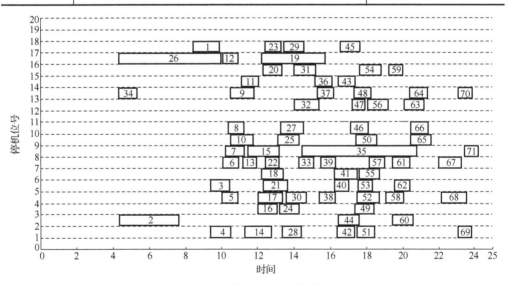

图 7.8　机位分配甘特图

从表 7.14 和图 7.8 可以看出，该分配结果是一个较满意的可行解，每个机位上的航班数量保持在 3～8 之间，符合停机位空闲时间均衡的优化目标，在远机位 15～17 停靠的航班数为 11 个，近机位停靠的航班数为 60 个，84.507% 的航班停

靠在近机位。因此，目标二的近机位使用率最大这一要求在模型中得到体现，该
解为本章模型的一个满意可行解。

7.6　本 章 小 结

本章对机位分配问题约束条件和优化目标函数进行了简化分析，建立了停机
位优化分配的多目标数学模型，通过引入近机位使用率和机位空闲时间两项目标
函数权重因子，将其转化为单目标优化问题求解。从模型约束处理、航班的排序、
适应度函数的设计等方面详细介绍了基于机位分配的粒子群算法流程。最后通过
给定案例数据进行仿真，通过输入数据进行检验所设计模型和算法的效果。从数
据输出的结果分析得出，提出的改进粒子群算法简单、容易实现，具有很好的可
行性，得到的机位分配方案为本章模型的一个满意可行解。本章基于粒子群优化
算法的机位分配模型对机场机位分配问题具有一定的指导意义。

参 考 文 献

[1]　Gao H J, Wang J, Chen L. Review on the research of air traffic flow management. Control
　　　Engineering of China, 2003.

[2]　Wu C L , Robert E C. Research review of air traffic management. Transport Reviews, 2002,
　　　22(1): 115-132.

[3]　孔佳玉. 机场机位分配建模及其遗传算法研究. 南京理工大学, 2008.

[4]　Baik H , Sherali H D, Trani A A .Time-dependent network assignment strategy for taxiway
　　　routing at airports. Airport and Air Traffic Economic and Operational Issues Transportation
　　　Research Record, 2002, 1788: 70-75.

[5]　Cheng Y. Solving push-out conflicts in apron taxiways of airports by anetwork based
　　　simulation. Computer Industrial Engineering, 1998, 2: 351-369.

[6]　Pitfield D E , Brooke A S, Jerrard E A . A Monte-Carlo simulation of potentially conflictin g ground
　　　movements at a new international airport. Journal of Air Transport Management , 1998, 14: 3-9.

[7]　Babic O, Teodorovic D, Tošic V. Aircraft stand assignment to minimize walking. Journal of
　　　Transportation Engineering, 1984, 110(1): 55-66.

[8]　Mangoubi R S, Mathaisel F X. Optimizing gate assignments at airport. Terminals
　　　Transportation Science, 1985, 19(2): 173-189.

[9]　Chang C. Flight sequencing and gate assignment in airporthubs. University of Maryland at
　　　College Park, 1994.

[10] Xu J, Bailey G. The airport gate assignment problem: mathematical model and a tabu search algorithm. Proceedings of Hawaii International Conference on System Sciences, 2001: 10.

[11] Bihr R A. A conceptual solution to the aircraft gate assignment problem using 0, 1 linear programming. Computers and Industrial Engineering, 1990, 19(1): 280-284.

[12] 戴顺南. 机场机位分配模型构建及算法实现. 北京交通大学, 2008.

[13] Yan S, Chang C M. A network model for gate assignment. Journal of Advanced Transportation, 1998, 32(2): 176-189.

[14] Bolat A. Procedures for providing robust gate assignments for arriving aircrafts. European Journal of Operational Research, 2000, 120(1): 63-80.

[15] Yan S, Huo C M. Optimization of multiple objective gate assignments.Transportation Research Part A: Policy and Practice, 2001, 35(5): 413-432.

[16] Kim S H, Feron E. Robust gate assignment. Proceedings of the AIAA Guidance, Navigation, and Control Conference, 2011: 2991-3002.

[17] 文军, 孙宏, 徐杰, 等. 基于排序算法的机场停机位分配问题研究. 系统工程, 2004, 22(7): 102-106.

[18] 常钢, 魏生民. 基于组合优化的停机位分配模型研究. 中国民航学院学报, 2006, 24(3): 28-31.

[19] 沈洋. 民航机场机位分配问题的遗传算法研究. 中国管理科学, 2006, 1(14): 105-108.

[20] 徐肖豪, 张鹏, 黄俊祥. 基于 Memetic 算法的机场停机位分配问题研究. 交通运输工程与信息学报, 2007, 5(4): 10-17.

[21] 卫东选, 刘长有. 机场停机位分配问题研究. 交通运输工程与信息学报, 2009, 7(1): 57-63.

[22] 田晨, 熊桂喜. 基于遗传算法的机场机位分配策略. 计算机工程, 2005, 31(3): 186-188, 228.

[23] 刘兆明, 葛宏伟, 钱峰. 基于遗传算法的机场调度优化算法. 华东理工大学学报, 2008, 34(3): 392-398.

[24] Ding H, Lim A, Rodrigues B. The over-constrained airport gate assignment problem. Computers and Operations Research, 2005, 32(7): 1867-1880.

[25] Dorndorf U. Project scheduling with time windows: from theory to applications. Publications of Darmstadt Tachnical University Institute for Business Studies, 2002, 83.

[26] 丁建立, 李晓丽, 李全福. 基于蚁群协同算法的图权值停机位分配模型. 计算机工程与科学, 2011, 33(9): 151-156.

[27] 刘长有, 翟乃钧. 避免航班推出冲突的多目标停机位优化. 第二十九届中国控制会议论文集. 2010.

[28] 文军, 孙宏, 徐杰, 等. 基于排序算法的机场停机位分配问题研究. 系统工程, 2004, 22(7): 102-106.

[29] 文军. 机场停机位分配问题的遗传算法. 科学技术与工程, 2010, 10 (1): 135-139.

[30] 张晨, 郑攀, 胡思继. 基于航班间晚点传播的机场停机位分配模型及算法. 吉林大学学报, 2011, 41(6): 1603-1608.

[31] 冯程, 胡明华, 赵征. 一种新的停机位分配优化模型. 交通运输系统工程与信息, 2012, 12(1): 131-138.

[32] Srihari K, Muthukrishnan R. An expert system methodology for aircraft-gate assignment. Computers and Industrial Engineering, 1991, 21(1): 101-105.

[33] Hamzawi S G. Management and planning of airport gate capacity: a microcomputer‐based gate assignment simulation model. Transportation Planning and Technology, 1986, 11(3): 189-202.

[34] Gosling G D. Design of an expert system for aircraft gate assignment.Transportation Research Part A: General, 1990, 24(1): 59-69.

[35] 谢实, 杨斐伟. 用 UML 技术构建机位分配系统. 哈尔滨工业大学学报, 2001, 33(1): 124-128.

[36] 常钢. 民航机场停机位分配与优化技术研究. 西北工业大学. 2006.

[37] 蒋延军. 机场停机位分配优化问题的研究. 天津大学. 2010.

第8章 基于粒子群算法的空间站组装姿态指令优化求解

8.1 引 言

空间站是一种在近地轨道长时间运行，可让多名航天员寻访、长期工作和生活的载人航天器。空间站对宇宙探索和开发、空间科学和应用、人类生存环境的认识及推动其他科学研究领域的发展具有重要的不可替代的作用。根据我国载人航天工程规划，我国计划发展空间站系统，解决有较大规模的、长期有人照料的空间应用问题[1]。Mir空间站（1986～2001）[2]是苏联/俄罗斯发展的第三代空间站，是第一个大型组合式永久空间站。Mir在空间站研制和发展的历史上占据了重要的位置。通过Mir的研制和发射全过程，人类掌握和攻克了空间站研制、建造、发射、在轨组装等各个阶段重要的技术难点。此外，通过在轨运营期间进行的各类试验，人类对空间环境特征以及危险源及防护等有了更加深入的认识，为后续进一步的空间探索与应用奠定了基础。国际空间站[3,4]是以美国和俄罗斯为首的多国合作建设的空间站，主要是将美国"自由号"空间站计划与俄罗斯"和平2号"空间站计划结合在一起，共同建设。国际空间站结构复杂，规模大，由多个舱段及结构机构组成。

以空间站为代表的大型航天器，由于其质量和体积都远远大于运载火箭的运载能力，因此需要分多次发射，然后利用机械臂系统进行各种有效载荷的操作，完成各个部件的在轨组装。对于此动作中，舱段转移任务技术难度大，需要高性能的控制系统[5,6]。空间站的控制系统主要分为两大部分，姿态控制和轨道控制。对于近地航天器来说，轨道控制已经较为成熟，而空间站的大质量、大转动惯量和复杂的机械结构导致空间站的姿态控制系统变得很复杂，有很多问题需要解决[7-9]。

总结发达国家航天器的研制经验和规律[10-12]，姿态控制系统普遍采用控制力矩陀螺(Control Moment Gyroscope, CMG)作为其执行机构，其相比传统姿态控制机构有着控制力矩大、响应速度快、力矩放大作用好及功耗较低等显著特点，可满足大型航天器大角度快速机动的控制要求。空间站从"一"字形变为"L"形等构型的组装过程中，需要把实验舱从轴向对接口转移到周边对接口，此时待转舱处于停控状态。组装过程中，如果由姿控发动机实现对组合体的控制，可能引起严重的控制/结构耦合问题，进而对结构造成破坏性的影响，采用 CMG 进行组合体的姿态控制可以避免上述问题。综上所述，通过研究 CMG 的控制方法及特性来提高航天器姿态控制性能具有重要的现实价值。

但是 CMG 的角动量常常由于输出控制力矩而不断增长，最后导致饱和，必须对角动量卸载才能恢复 CMG 的重新控制能力。动量管理的作用是监测 CMG 角动量的状态，保证 CMG 的角动量峰值减小、增长变慢，从而减小外部推力器作用的次数。在舱段转移过程中，为了避免控制/结构耦合问题，一类方法是对机械臂操作路径进行规划，使得负载运动对核心舱产生较小的干扰，使得 CMG 不易饱和，如李广兴等[13]设计了 RMS（转位机构）的运动规律，来减小负载运动对核心舱产生的干扰，从而避免 CMG 角动量饱和；另一类方法是对核心舱的姿态指令进行优化处理，设计期望的姿态轨迹[6,14]。文献[6]利用梯度下降法对核心舱的姿态进行优化处理，此类方法的主要思想主要是：依据梯度下降的方向，逐次带入得到的解，经过迭代多次后，得到最优解。此类方法的缺点是：首先算法对于求解带有微分项的优化函数需要对微分项进行近似处理，这样就会使算法求得的解存在误差；其次算法在处理约束问题上具有一定的局限性；同时梯度下降算法收敛速度慢；最后，此算法容易陷入局部最优点，且不易跳出，最终不能保证收敛于全局最优解。马艳红等[14]利用牛顿迭代法对姿态指令进行优化，设计出姿态轨迹，避免 CMG 角动量饱和。文献[15]参考"和平号"空间站转位机构关键参数，提出适应于我国空间站组装的转位机构初步参数，计算了空间站的质量特性、刚柔耦合系数，确定了控制力矩陀螺和姿态测量敏感器参数。

核心舱的姿态优化函数属于高度的非线性方程，其中还含有较多的微分项以及约束条件。利用牛顿迭代法对核心舱的姿态进行优化处理时，由于微分项和约束问题上的近似，得到的最优姿态存在较大的误差；而采用梯度下降法收敛速度较慢，使得算法执行时间长。基于牛顿迭代法和梯度下降法的局限性，考虑粒子群优化算法（Particle Swarm Optimization，PSO）的随机特性以及并行优化的特点，同时算法简单，容易编程实现，且不要求被优化函数具有可微、可导、连续等性质，收敛速度较快等优点。本章将利用 PSO 算法对核心舱的姿态指令进行优化，设计期望的姿态轨迹，使得 CMG 的角动量累积较小，从而避免控制/结构耦合问题，不仅可以减小优化误差，同时也能减少优化时间，这对于空间站的姿态控制是非常有意义的。

8.2　空间站组装的数学模型

总结文献[16]，给出空间站组装时的数学模型。设 H 为系统的总动量在本体

坐标系 F_b 下的分量，ω 为空间站的绝对角速度，T_{gg} 为重力梯度力矩，T_{aero} 为气动力矩，根据动量矩定理得系统的运动方程为

$$\dot{H} + \omega \times H = T_{gg} + T_{aero} \tag{8-1}$$

如图 8.1 所示，核心舱的质心为 CM，固联本体坐标系为 $F^b{}_{CM}$，实验舱的质心为 KM，固联本体坐标系为 $F^b{}_{KM}$，系统质心为 C，固联本体坐标系为 $F^b{}_C$。CM 和 KM 由转位机构链接，在 KM 转移过程中，CM 处于停控状态，利用 CM 上得 CMG 进行组合体的姿态控制。组装系统的总动量在本体坐标系 F_b 下的分量 H 为

$$H = (J_{CM} + J_{KM} - m_{CM}\tilde{D}_{CM}^2 - m_{KM}\tilde{D}_{KM}^2) \cdot \omega + m_{CM}D_{CM} \times D_{CM} + m_{KM}D_{KM} \times D_{KM} + H_{CMG} \tag{8-2}$$

其中，m_{CM}, m_{KM} 为核心舱和实验舱的质量；J_{CM}, J_{KM} 分别为 CM 和 KM 的转动惯量(惯性张量)在其本体坐标系 $F^b{}_{CM}$，$F^b{}_{KM}$ 中的分量表示；H_{CMG} 为控制力矩陀螺(CMG)的角动量；D_{CM}, D_{KM} 分别为 C 到 CM 和 C 到 KM 的位置向量，

$$D_{CM} = \frac{-m_{KM}}{m_{CM} + m_{KM}}D, D_{KM} = \frac{m_{CM}}{m_{CM} + m_{KM}}D ; \tilde{D} = \begin{bmatrix} 0 & -D_3 & D_2 \\ D_3 & 0 & -D_1 \\ -D_2 & D_1 & 0 \end{bmatrix}, D = (D_1 \quad D_2 \quad D_3)^T$$

为 CM 到 KM 的位置向量。

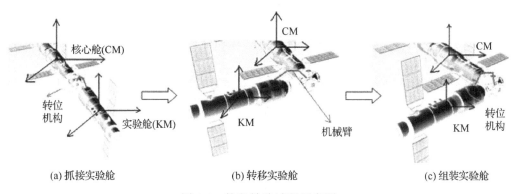

(a) 抓接实验舱　　　　　　　(b) 转移实验舱　　　　　　　(c) 组装实验舱

图 8.1　舱段转移过程示意图

故公式(8-2)可转化为

$$H = \left(J_{CM} + J_{KM} - \frac{m_{CM} \cdot m_{KM}}{m_{CM} + m_{KM}} \cdot \tilde{D}^2 \right) \cdot \omega + \frac{m_{CM} \cdot m_{KM}}{m_{CM} + m_{KM}} \cdot D \times \dot{D} + H_{CMG} \tag{8-3}$$

令 $m_C = \frac{m_{CM} \cdot m_{KM}}{m_{CM} + m_{KM}}, J_C = J_{CM} + J_{KM} - \frac{m_{CM} \cdot m_{KM}}{m_{CM} + m_{KM}} \cdot \tilde{D}^2$，公式(8-1)可转化为

$$\dot{\boldsymbol{H}}_{\mathrm{CMG}} + \boldsymbol{\omega} \times \boldsymbol{H}_{\mathrm{CMG}} = -\dot{\boldsymbol{J}}_C \cdot \boldsymbol{\omega} - \boldsymbol{J}_C \cdot \boldsymbol{\omega} - m_C \cdot \boldsymbol{D} \times \ddot{\boldsymbol{D}} - \boldsymbol{\omega} \times (\boldsymbol{J}_C \cdot \boldsymbol{\omega} + m_C \cdot \boldsymbol{D} \times \dot{\boldsymbol{D}}) + \boldsymbol{T}_{\mathrm{gg}} + \boldsymbol{T}_{\mathrm{aero}} \qquad (8\text{-}4)$$

文献[17]中给出重力梯度力矩为

$$\boldsymbol{T}_{\mathrm{gg}} = 3 \cdot \omega_0^2 \widetilde{(\boldsymbol{P} \cdot \boldsymbol{e}_3)} \cdot \boldsymbol{J}_C (\boldsymbol{P} \cdot \boldsymbol{e}_3) \qquad (8\text{-}5)$$

其中，ω_0 为飞行器的轨道角速度；$\boldsymbol{P}$ 为 $o_s x_n y_n z_n$ 到 $o_s x_b y_b z_b$ 的坐标变换矩阵；$\boldsymbol{e}_3$ 为单位矩阵的第三个列向量；$\boldsymbol{P} \cdot \boldsymbol{e}_3 = (-\sin(\theta)\cos(\varphi) \quad \sin(\varphi) \quad \cos(\theta)\cos(\varphi))^{\mathrm{T}}$。

文献[18]、[19]中给出气动力矩为

$$\boldsymbol{T}_{\mathrm{aero}} = \frac{1}{2} \rho V_R^2 C_D \cdot \left(\sum_i A_i \cdot \widetilde{\boldsymbol{C}_i} \right) \cdot v \qquad (8\text{-}6)$$

其中，V_R 为来流速度；$0.5\rho V_R$ 称为动压头；ρ 为大气密度；C_D 为阻力系数，取值范围为 $2.2{\sim}2.6$；A_i 为空间站的迎流面积，$\tilde{C}_i$ 为卫星质心至压心的矢量；设大气旋转角速度为 $1.5\omega_e$，ω_e 为地球自旋转角速率；空间站的地心距为 R，轨道倾角为 φ。则来流相对于空间站的速度 V_R 为

$$V_R^2 = \frac{\mu}{R}\left(1 - \frac{3\omega_e}{\omega_0}\cos(\phi)\right) \qquad (8\text{-}7)$$

v 为来流方向的单位矢量，其在轨道坐标系中的分量为

$$v = \left(-1 \quad \frac{1.5\omega_e}{\omega_0}\sin(\phi)\cos(\omega t) \quad 0\right) \qquad (8\text{-}8)$$

系统运动学方程为

$$\begin{bmatrix} \omega_x \\ \omega_y \\ \omega_z \end{bmatrix} = \begin{bmatrix} \cos\theta & 0 & -\sin\theta\cos\varphi \\ 0 & 1 & \sin\varphi \\ \sin\theta & 0 & \cos\theta\cos\varphi \end{bmatrix} \cdot \begin{bmatrix} \dot{\varphi} \\ \dot{\theta} \\ \dot{\psi} \end{bmatrix} - \begin{bmatrix} \cos\theta\sin\psi + \sin\theta\sin\varphi\cos\psi \\ \cos\varphi\cos\psi \\ \sin\theta\sin\psi - \cos\theta\sin\varphi\cos\psi \end{bmatrix} \cdot \omega_0 \qquad (8\text{-}9)$$

其中，$[\varphi \quad \theta \quad \psi]^{\mathrm{T}}$ 为系统的姿态角，即为核心舱姿态指令。当姿态角转动很小时，可认为 $\sin\alpha = \alpha, \cos\alpha = 1$，同时略去二阶相乘的小量后，公式(8-9)可简化为

$$\begin{bmatrix} \omega_x \\ \omega_y \\ \omega_z \end{bmatrix} = \begin{bmatrix} \dot{\varphi} \\ \dot{\theta} \\ \dot{\psi} \end{bmatrix} - \begin{bmatrix} \psi \\ 1 \\ -\varphi \end{bmatrix} \cdot \omega_0 \qquad (8\text{-}10)$$

考虑姿态指令的最优解为瞬时力矩平衡姿态(Torque Equilibrium Attitude, TEA)[18]，但由于系统惯量矩阵变化和有效载荷产生的摄动力矩的大范围变化使得 TEA 不易求解。而系统机械臂的路径事先已知，因此只用优化 CMG 峰值角动

量；同时，若取系统初始和终端状态均对应相应的 TEA 位置，则在舱段转移前后可直接转入长期连续角动量管理模式。优化问题可描述为

$$\min_{\varphi,\theta,\psi}\left\|\boldsymbol{H}_{\text{CMG}}^{\text{T}}\boldsymbol{H}_{\text{CMG}}\right\|_2 \tag{8-11}$$

考虑公式(8-4)，可知 CMG 的角动量求解方程具有严重的非线性，其中还存在角动量的导数问题，对其分别采用传统迭代法或 PSO 算法进行求解时，直接求解无法获得，因此考虑将姿态角 $[\varphi \quad \theta \quad \psi]^{\text{T}}$ 进行离散化处理，得到 $(\varphi_0,\theta_0,\psi_0,\varphi_1,\theta_1,\psi_1,\cdots,\varphi_l,\theta_l,\psi_l,\cdots\varphi_N,\theta_N,\psi_N,\varphi_{N+1},v_{N+1},\psi_{N+1})$，从而求得离散化的角速度 ω_l，角加速度 $\dot{\omega}_l$。

考虑到有效载荷的路径事先已知，因此相对位置 $\boldsymbol{D}$ 也事先已知，可以求得

$$\dot{\boldsymbol{D}}_l = \frac{\boldsymbol{D}_{l+1} - \boldsymbol{D}_l}{\Delta t} \tag{8-12}$$

$$\ddot{\boldsymbol{D}}_l = \frac{\boldsymbol{D}_{l+1} - 2\cdot\boldsymbol{D}_l + \boldsymbol{D}_{l-1}}{(\Delta t)^2} \tag{8-13}$$

优化函数中存在 CMG 角动量的一阶导数，定义

$$\dot{\boldsymbol{H}}_{\text{CMG}} = \frac{\boldsymbol{H}_{\text{CMG}(l+1)} - \boldsymbol{H}_{\text{CMG}(l)}}{\Delta t} \tag{8-14}$$

根据上面的参数离散化，得到离散化后的优化函数

$$\begin{aligned}
\dot{\boldsymbol{H}}_{\text{CMG}(l+1)} &= (\boldsymbol{I}_{3\times3} - \Delta t\cdot\tilde{\boldsymbol{\omega}})\cdot\boldsymbol{H}_{\text{CMG}(l)} - \Delta t\cdot(\dot{\boldsymbol{J}}_{\boldsymbol{C}(l)}\cdot\boldsymbol{\omega}_l + \boldsymbol{J}_{\boldsymbol{C}(l)}\cdot\dot{\boldsymbol{\omega}}_l) \\
&\quad - \frac{m_A\cdot m_B}{m_A + m_B}\cdot\boldsymbol{D}\times\frac{\boldsymbol{D}_{l+1} - 2\cdot\boldsymbol{D}_l + \boldsymbol{D}_{l-1}}{\Delta t} \\
&\quad - \Delta t\left(\boldsymbol{\omega}_l\times\left(J_{\boldsymbol{C}(l)}\cdot\boldsymbol{\omega}_l + \frac{m_A\cdot m_B}{m_A + m_B}\cdot\boldsymbol{D}_{(l)}\times\frac{\boldsymbol{D}_{l+1} - \boldsymbol{D}_l}{\Delta t}\right) + T_{\text{gg}(l)} + T_{\text{aero}(l)}\right)
\end{aligned} \tag{8-15}$$

记初始时刻 $l=0$，终端时刻 $l=N+1$，则约束条件为

$$[\varphi_1 \quad \theta_1 \quad \psi_1]^{\text{T}} = [\varphi_0 \quad \theta_0 \quad \psi_0]^{\text{T}}, [\varphi_N \quad \theta_N \quad \psi_N]^{\text{T}} = [\varphi_{N+1} \quad \theta_{N+1} \quad \psi_{N+1}]^{\text{T}} \tag{8-16}$$

CMG 角动量离散化后，有

$$\mathbf{HC} = \begin{bmatrix} \boldsymbol{H}_{\text{CMG}(1)}^{\text{T}} \\ \boldsymbol{H}_{\text{CMG}(2)}^{\text{T}} \\ \vdots \\ \boldsymbol{H}_{\text{CMG}(N)}^{\text{T}} \end{bmatrix} \tag{8-17}$$

因此，适应度函数即为

$$f = \frac{1}{2}\mathbf{HC}^{\mathrm{T}} \cdot \mathbf{HC} \tag{8-18}$$

8.3　姿态指令优化函数求解

8.3.1　梯度下降法

考虑公式(8-18)，记离散化后的姿态角为

$$\boldsymbol{Q} = \begin{bmatrix} q_1 \\ q_2 \\ \vdots \\ q_N \end{bmatrix}, \quad q_l = \begin{bmatrix} \varphi_l \\ \theta_l \\ \psi_l \end{bmatrix} \tag{8-19}$$

因此函数的变化率为

$$\delta \boldsymbol{Q} = -\left[\frac{\partial \mathbf{HC}}{\partial \boldsymbol{Q}}\right]^{-1} \mathbf{HC} \tag{8-20}$$

故

$$\boldsymbol{Q}_{l+1} = \boldsymbol{Q}_l + \delta \boldsymbol{Q} \tag{8-21}$$

从而保证优化函数 $V(\boldsymbol{Q})$ 逐渐减小，即 $\delta V < 0$。

8.3.2　标准 PSO 算法

粒子群优化算法的速度、位置更新公式为

$$\begin{cases} v_{id}^{(k+1)} = \omega \cdot v_{id}^{(k)} + c_1 \cdot r_{gd} \cdot (p_{gd}^{(k)} - x_{id}^{(k)}) + c_2 \cdot r_{id} \cdot (p_{id}^{(k)} - x_{id}^{(k)}) \\ x_{id}^{(k+1)} = x_{id}^{(k)} + \eta \cdot v_{id}^{(k+1)} \end{cases} \tag{8-22}$$

其中，ω 为惯性权重；c_1, c_2 是正数的加速常量，分别用来度量认知成分和社会成分对速度更新公式的贡献；$r_{gd}, r_{id} \in U(0,1)$ 都是在区间[0,1]中均匀抽取的随机数。

考虑优化函数的未知参数为姿态指令，记单个粒子为

$$x^{(k)} = (\varphi_0^{(k)}, \theta_0^{(k)}, \psi_0^{(k)}, \varphi_1^{(k)}, \theta_1^{(k)}, \psi_1^{(k)}, \cdots, \varphi_l^{(k)}, \theta_l^{(k)}, \psi_l^{(k)}, \cdots, \varphi_N^{(k)}, \theta_N^{(k)}, \psi_N^{(k)}, \varphi_{N+1}^{(k)}, \theta_{N+1}^{(k)}, \psi_{N+1}^{(k)})$$

文献[20]中提出很多基于群体的优化方法(包括 PSO)都会存在一个显著的偏差—当最优值位于初始化区域附近时，它们就更容易找到。文献[21]利用区域定位(Region Scaling，RS)来揭露 PSO 算法的偏差；文献[22]～[24]利用 TRIBES 来

揭露 PSO 算法中的原始搜索偏差，并且表明 RS 不总是充分的。考虑姿态角 $[\varphi\quad\theta\quad\psi]^T$ 随着时间变化，空间站在进行姿态变化时是缓慢变化，后一时刻的姿态角与当前时刻的姿态角的差值太大会导致 CMG 角动量增大，因此依据 PSO 算法的寻优偏差，姿态角在进行初始化时，后一时刻的姿态角要根据当前时刻的姿态角进行初始化。设当前时刻姿态角为 $[\varphi_l\quad\theta_l\quad\psi_l]^T$，姿态角范围为 $[lb, ub]$，因此下一时刻的姿态为

$$[\varphi_{l+1}\quad\theta_{l+1}\quad\psi_{l+1}]^T = [\varphi_l\quad\theta_l\quad\psi_l]^T + \mathrm{rands}(3,1)\times\frac{ub-lb}{N} \tag{8-23}$$

其中，rands 为[-1,1]之间的随机数，N 为离散次数。

标准 PSO(SPSO)算法步骤如下。

步骤 1　按上述初始化方法初始化种群，种群个数为 m，且随机初始化粒子速度。

步骤 2　依据公式(8-17)，计算出每个粒子所对应的 CMG 角动量 HC。

步骤 3　依据公式(8-18)，计算各个粒子的适应度值，并设置种群全局最优和自身最优。

步骤 4　依据速度、位置更新公式(8-22)，更新粒子速度和位置。

步骤 5　判断是否满足结束条件，若不满足则跳至步骤 2，循环执行，否则执行步骤 6。

步骤 6　输出结果，终止算法。

8.3.3　基于生物互利共生的双种群 PSO 算法

1.　互利共生机制原理

在生物界中，无论是低等还是高等生物、单细胞还是多细胞生物，都广泛存在着与其他生物的共生关系。共生是不同生物密切生活在一起[25]，此概念最早由德国真菌学奠基人 deBary 在 1879 年提出。共生的生物是指在生理上相互分工，彼此互换生命活动的产物，并在组织上形成新的结构。根据对生物体利弊关系而言，共生关系可分成互利共生(Mutualism)、偏利共生(Commensalism)和寄生(Parasitism)[26]。互利共生多见于生活需要极不相同的生物之间，它们之间形成一种正的互惠关系，可增加双方的适应度；偏利共生也叫共栖，是指能独立生存的生物个体以一定的关系生活在一起的现象，这种关系对其中一方生物体有益，却对另一方没有影响；寄生是指一种生物寄生在另一种生物的体内或体表，从中吸取营养物质来维持生活[27]。

生物的互利共生是一种十分重要的生物间相互关系，生态系统无法离开互利共生关系存在，长期以来一直是生态学家的重要研究领域。如豆科植物和根瘤菌，

据估计根瘤菌固定的氮约占生物固氮的 40%,具有能够固定氮的块根的木本树种,通常是最先占领贫瘠的土壤,例如,在阿拉斯加,赤杨由于块根中有共生固氮菌,故能很快占满整个冰碛土。由于互利共生现象越来越多地被人们发现,并且也表现出了生物之间良好的关系,从而使得互利共生成为研究热点。图 8.2 为蝴蝶与花朵的互利共生关系。

图 8.2　蝴蝶与花朵的互利共生关系

PSO 模拟了社会型群居生物的行为,因此将自然界的一些其他生物行为融入PSO 中是可行的改进途径。文献[28]在基于生物的生命周期现象上,提出一种 PSO改进算法,该算法将每一次迭代执行过程看成是生物个体一个完整的生命周期过程,在这个过程中每个个体需要经历遗传算法、粒子群算法和随机爬山算法共 3种计算操作。根据动物群中的被动聚众现象(Passive Congregation),文献[29]中提出了一种新型粒子群优化算法(Particle Swarm Optimizer with Passive Congregation,PSOPC),PSOPC 算法的速度更新在原始 PSO 算法上,加入了群体中其他同伴的经验,即在考虑了个体的经验和邻居中最好个体经验的同时,还考虑了群体中其他同伴的经验。依照细菌的趋化(Bacterial Chemotaxis)行为,文献[30]提出了 PSOBC 算法,在该算法中粒子不仅被当前群体的最优位置和自身的最优位置吸引,同时它也会被自己的历史最差位置和群体最差位置所排斥。刘金洋等将大雁在迁徙过程中的飞行机制引入到 PSO 中,提高了算法的性能。文献[31]提出了 Predator-Prey 的 PSO 优化模型,在该模型中粒子分成 Predator 与 Prey 两类,Predator 粒子在搜索过程中迫使陷入局部最优点的粒子逃离,而 Prey 粒子则受 Predator 粒子的排斥逐步靠近全局最优解。

从已有的文献来看,基于生物行为的 PSO 改进算法正处于起步阶段。本节根据生物互利共生行为,给出一种改进算法——基于互利共生的双种群 PSO 算法

（Particle Swarm Optimization based on Mutualism，MPSO），按照不同的拓扑结构，设计了星形连接 MPSO（GbestMPSO）和环形连接的 MPSO（LbestMPSO）两种 MPSO 算法，下一节中设计了仿真实验，将改进算法与原算法进行对比，验证改进算法的有效性。同时在 8.5 节中，利用改进算法优化空间站组装时的姿态指令，进一步验证算法的性能。

2. 基于互利共生的双种群 PSO 算法

生物互利共生行为是指生物之间交换最优信息，从而达到共同生存进化的目的。依据生物互利共生的原理，结合 PSO 算法搜索特点——由自身最优和全局最优作为向导来进行搜索，从而设计基于互利共生的双种群 PSO（Particle Swarm Optimization based on Mutualism，MPSO）。在 MPSO 中，初始化两个粒子数目相同的 PSO 群体——群体 A 和群体 B，两个群体按照互利共生的关系进行信息共享。考虑 PSO 算法所需要的信息为自身历史最优及群体最优。其中，自身历史最优主要传递的是单个粒子的信息，群体最优传递的是种群信息；要进行群体信息共享，则要求共享的信息能包含群体的状况。因此种群 A 和种群 B 共享的信息是自身种群的群体最优。此时共享信息包含两个群体最优 $p_{Ag}^{(k)}$ 和 $p_{Bg}^{(k)}$，选择较优的群体最优最为两个种群的第三个向导，称之为共享信息 $G^{(k)}$，选择公式如下所示

$$G^{(k)} = \begin{cases} p_{Ag}^{(k)}, & f(p_{Ag}^{(k)}) < f(p_{Bg}^{(k)}) \\ p_{Bg}^{(k)}, & f(p_{Ag}^{(k)}) > f(p_{Bg}^{(k)}) \end{cases} \tag{8-24}$$

将共享信息 $G^{(k)}$ 加入到 PSO 群体的速度公式中，可得

$$v_i^{(k+1)} = \omega \cdot v_i^{(k)} + c_1 \cdot r_1 \cdot (p_i^{(k)} - x_i^{(k)}) + c_2 \cdot r_2 \cdot (p_l^{(k)} - x_i^{(k)}) + c_3 \cdot r_3 \cdot (G^{(k)} - x_i^{(k)}) \tag{8-25}$$

考虑生物对于共享信息的信任度问题，因此设计共享信息 $G^{(k)}$ 对 PSO 群体只有一定的影响，即 c_3 小于 c_1 和 c_2。MPSO 算法步骤如下所描述。

步骤 1　初始化两个粒子群的规模、惯性因子、加速因子。

步骤 2　在搜索空间内随机初始化两个群体中每个粒子的位置，并初始化粒子的速度向量，依据公式(8-17)，计算出每个粒子所对应的 CMG 角动量 HC。

步骤 3　将每个粒子的个体历史最优位置设置为当前粒子的位置；并计算群体最优位置；按照公式(8-24)更新两个群体的共享信息 $G^{(k)}$。

步骤 4　按公式(8-22)更新每个粒子的速度和位置，并判断粒子是否超出搜索空间，重置超出搜索空间粒子的位置。

步骤 5　依据公式(8-17)，计算每个粒子所对应的 CMG 角动量 HC。

步骤 6　若满足停止条件，则停止搜索，输出搜索结果，否则返回步骤 3 继续搜索。

8.4　基于互利共生的双种群 PSO 算法仿真实验

根据标准 PSO 算法的不同拓扑结构，分别编写了两种标准 PSO 算法——星形连接 PSO 算法(GbestPSO)和环形连接 PSO 算法(LbestPSO)。同时设计了两种不同拓扑结构的改进算法——星形连接 MPSO(GbestMPSO)和环形连接的 MPSO(LbestMPSO)。本节将这 4 种 PSO 算法的仿真实验结果进行比较。

8.4.1　测试函数和参数设定

为了对 MPSO 的性能进行多方面的检验，选择了表 8.1 中的 $f_1 \sim f_6$ 这 6 个基本测试函数。f_1、f_2 是典型的单峰函数，$f_3 \sim f_6$ 是多峰函数。f_1 是较为简单的球函数，优化比较简单；f_2 是典型病态二次单峰函数，其全局最优与可搜索的局部最优之间有一道狭窄的山谷，此山谷容易找到，但由于山谷内的值变化不大，使得算法很难辨别搜索方向，要找到全局的最小值相当困难；f_3 中的余弦项使得变量之间不可分离，随着维数的增加局部最优的范围越来越窄，反而降低了搜索的难度；f_4 通过一个余弦函数来调整指数函数，是一个具有大量局部最优点的多峰函数；f_5 是一个典型的欺骗问题，局部最优点的位置很深且远离全局最优点，因此算法一旦陷入局部最优就很难摆脱；f_6 使用了余弦函数来产生大量的局部最小值，是一个典型的具有大量局部最优点的复杂多峰函数，算法在搜索的过程中容易陷入局部最优[27]。测试函数的初始化范围及维数设置等相关信息见表 8.1。

表 8.1　测试函数参数说明

函数名称	维数	搜索范围	全局最优点	全局最优值
f_1(Sphere)	30	[−512,512]	$\{0\}^D$	0
f_2(Rosenbrock)	30	[−30,30]	$\{1\}^D$	0
f_3(Griewank)	30	[−300,300]	$\{0\}^D$	0
f_4(Ackley)	30	[−30,30]	$\{0\}^D$	0
f_5(Schwefel)	30	[−100,100]	$\{1\}^D$	0
f_6(Rastrigin)	30	[−5.12,5.12]	$\{0\}^D$	0

星形连接 PSO 算法(GbestPSO)、星形连接 MPSO(GbestMPSO)、环形连接 PSO 算法(LbestPSO)和环形连接的 MPSO(LbestMPSO)算法参数设定如表 8.2 所示。

表 8.2　算法参数设定

算法	ω	c_1	c_2	c_3	V_{max}	Interation	Swarmsize
GbestPSO	0.9～0.4	2	2	——	0.5×Range	3000	15
GbestMPSO	1.5	1.5	1.5	0.5	0.5×Range	3000	15
LbestPSO	0.9～0.4	2	2	——	0.5×Range	3000	15
LbestMPSO	1.5	1.5	1.5	0.5	0.5×Range	3000	15

8.4.2　实验结果与分析

将 4 种 PSO 对 6 个测试函数分别独立运行 50 次,迭代次数为 3000 次。表 8.3 给出了每种算法求解每个函数的最小值、最大值、平均值和方差。比较的 4 种算法中,实验结果的最好值加粗表示。图 8.3～图 8.8 描述了每种算法在对各个函数求解过程中函数适应度值的变化曲线。

表 8.3　各种算法的测试结果比较

函数	评价指标	GbestPSO	GbestMPSO	LbestPSO	LbestMPSO
f_1(Sphere)	最小值	1.5830×10^{-14}	$\mathbf{6.4414\times10^{-30}}$	2.0746×10^{-4}	2.5619×10^{-26}
	最大值	2.7107×10^{-11}	$\mathbf{4.7392\times10^{-17}}$	1.740×10^{-2}	8.6042×10^{-20}
	平均值	2.6225×10^{-12}	$\mathbf{1.0792\times10^{-18}}$	4.2000×10^{-3}	1.8243×10^{-21}
	方差	3.1903×10^{-23}	$\mathbf{4.5230\times10^{-35}}$	1.6450×10^{-5}	1.4780×10^{-40}
f_2(Rosenbrock)	最小值	4.2462	2.4874	2.0857×10	$\mathbf{2.4221}$
	最大值	5.2232×10^{2}	2.6374×10^{2}	4.8580×10^{2}	$\mathbf{2.0918\times10^{2}}$
	平均值	1.2629×10^{2}	5.6361×10	1.5340×10^{2}	$\mathbf{4.6110\times10}$
	方差	1.3220×10^{4}	3.4924×10^{3}	1.0028×10^{4}	$\mathbf{1.9671\times10^{3}}$
f_3(Griewank)	最小值	2.6312×10^{-14}	$\mathbf{0}$	$2.1000*10^{-3}$	0
	最大值	8.8100×10^{-2}	$\mathbf{7.3800\times10^{-2}}$	0.1982	0.1375
	平均值	1.8500×10^{-2}	$\mathbf{1.2200\times10^{-2}}$	3.2700×10^{-2}	2.1900×10^{-2}
	方差	4.1885×10^{-4}	$\mathbf{2.7481\times10^{-4}}$	1.2000×10^{-3}	9.5350×10^{-4}
f_4(Ackley)	最小值	2.4014×10^{-8}	$\mathbf{2.9310\times10^{-14}}$	2.2900×10^{-2}	7.0077×10^{-13}
	最大值	1.1551	$\mathbf{0.3404}$	2.2244	0.6462
	平均值	2.3100×10^{-2}	$\mathbf{1.9740\times10^{-4}}$	0.8715	1.9780×10^{-3}
	方差	2.6700×10^{-2}	$\mathbf{1.8600\times10^{-3}}$	0.5573	1.7700×10^{-2}
f_5(Schwefel)	最小值	2.7335×10^{-10}	6.9041×10^{-12}	2.7000×10^{-3}	$\mathbf{1.9861\times10^{-14}}$
	最大值	9.2223×10^{-5}	3.0514×10^{-5}	1.0820×10^{-1}	$\mathbf{1.0816\times10^{-9}}$
	平均值	4.5757×10^{-6}	1.1246×10^{-6}	1.8200×10^{-2}	$\mathbf{4.7652\times10^{-11}}$
	方差	3.1835×10^{-10}	1.9637×10^{-11}	3.0267×10^{-4}	$\mathbf{3.3753\times10^{-20}}$
f_6(Rastrigin)	最小值	22.8840	22.9619	23.0381	$\mathbf{17.2312}$
	最大值	70.6419	81.5866	68.5081	$\mathbf{67.4356}$
	平均值	44.2759	43.5384	41.5413	$\mathbf{39.5814}$
	方差	153.9536	143.5926	105.0455	$\mathbf{87.4851}$

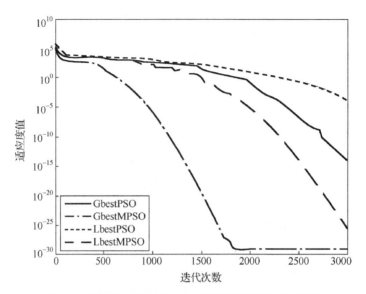

图 8.3 各算法求解 f_1(Sphere) 的适应度值变化曲线

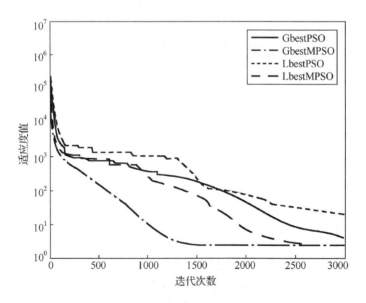

图 8.4 各算法求解 f_2 (Rosenbrock) 的适应度值变化曲线

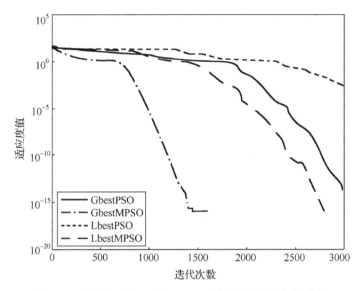

图 8.5 各算法求解 f_3 (Griewank) 的适应度值变化曲线

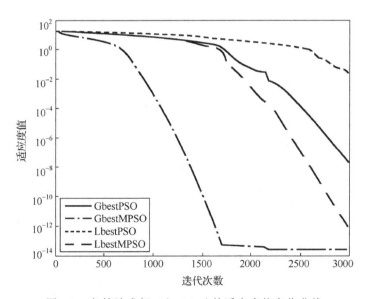

图 8.6 各算法求解 f_4 (Ackley) 的适应度值变化曲线

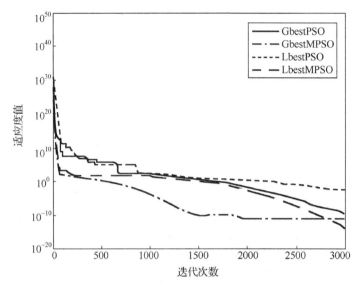

图 8.7 各算法求解 f_5（Schwefel）的适应度值变化曲线

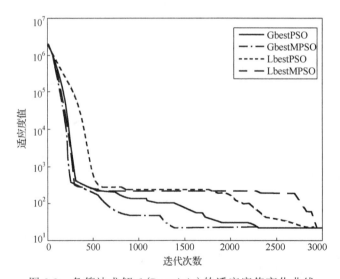

图 8.8 各算法求解 f_6（Rastrigin）的适应度值变化曲线

从表 8.3 和图 8.3～图 8.8 中可以看出，对于函数 f_1、f_3 和 f_4 来说，GbestMPSO 的优化结果最好，而对于 f_2、f_5 和 f_6 来说，LbestMPSO 的优化结果最好，这说明改进 PSO 算法优于标准 PSO 算法。

f_1 为单峰无阻碍函数，同等条件下 GbestMPSO 的优化结果最好，LbestMPSO 的优化结果次之，说明改进算法 MPSO 的优化性能更好。观察图 8.3，可以发现

GbestMPSO 在 2000 次迭代左右，就处于最优值状态，由于 GbestMPSO 算法中互利共生的信息共享机制，使得粒子拥有更多的最优向导，同时 f_1 函数较为简单，搜索空间中没有太多的阻碍，GbestMPSO 算法的星形结构使得算法收敛快，进而使得 GbestMPSO 寻优提升了收敛速度和搜索精度。

　　观察图 8.4 和表 8.3 可知同等条件下，LbestMPSO 的优化结果最好，GbestMPSO 的优化结果次之，说明改进算法 MPSO 的优化性能更好。由于 f_2 是典型病态二次单峰函数，其全局最优与可搜索的局部最优之间有一道狭窄的山谷，此山谷容易找到，但由于山谷内的值变化不大，使得算法很难辨别搜索方向，要找到全局的最小值相当困难。而 LbestMPSO 拥有环形结构的特点——自身群体信息交流较慢，从而使得 LbestMPSO 算法优化较为复杂的函数时，具有更多的多样性，从而增加寻优的几率；同时拥有生物互利共生中的特点——共享信息，进而使得 LbestMPSO 算法对搜索空间具有较强的引导信息，促进算法对搜索空间的搜索。如此，LbestMPSO 不仅加强了算法的探索能力，也增强了局部开发的能力，从而在优化 f_2 函数时，LbestMPSO 表现出更好的性能。

　　观察图 8.5 和图 8.6，同等条件下，GbestMPSO 的优化结果最好，LbestMPSO 的优化结果次之，说明改进算法 MPSO 的优化性能更好。f_3 虽然是多峰函数，但是其中的余弦项使得变量之间不可分离，随着维数的增加局部最优的范围越来越窄。f_4 具有大量局部最优点，但是其函数搜索具有引导性。而 GbestMPSO 的双种群寻优，信息共享，拥有更多的引导因子，从而表现出较强的寻优能力，不仅收敛速度快，而且收敛精度也较高。

　　观察图 8.7 和图 8.8，LbestMPSO 的优化结果最好，GbestMPSO 的优化结果次之，说明改进算法 MPSO 的优化性能更好。f_5 是一个典型的欺骗问题，局部最优点的位置很深且远离全局最优点，因此算法一旦陷入局部最优就很难摆脱。f_6 使用了余弦函数来产生大量的局部最小值，是一个典型的具有大量局部最优点的复杂多峰函数，算法在搜索过程中容易陷入局部最优。考虑 LbestMPSO 算法的环形结构使得自身群体信息交流较慢，以及 LbestMPSO 算法中加入共享信息，从而使得 LbestMPSO 算法优化较为复杂的函数时，不易陷入局部极值，并且对搜索空间具有较强的引导信息，促进算法对搜索空间的搜索。如此，LbestMPSO 不仅加强了算法的探索能力，也增强了局部开发的能力，因此使得算法在优化复杂函数 f_5 和 f_6 时，获得更好的结果。

　　因此，相较于标准 PSO 算法(GbestPSO、LbestPSO)，改进算法(GbestMPSO、LbestMPSO)拥有更强的寻优能力。对于较为简单的单峰或多峰函数，由于 GbestMPSO 拥有共享信息，且自身群体利用群体最优来搜索，从而使得 GbestMPSO 能快速找到全局最优，并且拥有最高的搜索精度；而对于较为复杂的

单峰或多峰函数 (f_2、f_5 和 f_6)，LbestMPSO 不仅拥有共享信息，并且信息传递较为均匀，因此使得 LbestMPSO 在搜索最优点时，能避免复杂函数带来的欺骗性，从而获得更好的寻优结果。

8.5　空间站组装姿态指令优化数值实验

8.5.1　参数设定

空间站从"一"字形变为"L"形等构型的组装过程中，需要通过机械臂将实验舱从轴向对接口转移到周边对接口。机械臂系统参数如表 8.4 所示[32,33]，空间站参数选取如表 8.5 所示[14]。

表 8.4　机械臂系统参数

机械臂长度/m	机械臂加载时空间站组装运行速度/(m/s)
17.6	0.02

表 8.5　空间站系统参数

ω_0/(rand/s)	m_A/kg, $\boldsymbol{J}_A$/(kg·m^2)	M_B/kg, $\boldsymbol{J}_B$/(kg·m^2)
0.0012	3×10^4 // diag(1.5　6.5　6.5) $\times 10^5$	3×10^4 // diag(1.5　6.5　6.5) $\times 10^5$

SPSO 和 MPSO 参数选取如表 8.6 所示。

表 8.6　粒子群优化算法参数

算法	Swarmsize	ω	C_1, c_2	c_3	Vmax	[lb,ub]	Iteration
SPSO	15	0.778	2.05	——	0.5π	$[-\pi,\pi]$	8000
MPSO	15	0.778	1.5	0.5	0.5π	$[-\pi,\pi]$	8000

8.5.2　实验结果

1. 初始化机械臂位置

空间站进行组装时，需要通过机械臂将实验舱从轴向对接模式转移到侧向对接模式，即初始时刻为"一"字型对接模式，终端时刻为"L"型对接模式。这个过程中，机械臂运载的过程如图 8.9 所示[32]，首先是使实验舱体向上翻转 55°，接着是舱体摆动 120°，最后舱体向下翻转 55°，实现对接过程。机械臂运动规划后，实验舱的相对位置如图 8.10 所示，相对线速度如图 8.11 所示。

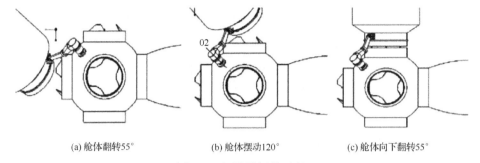

(a) 舱体翻转55°   (b) 舱体摆动120°   (c) 舱体向下翻转55°

图 8.9 机械臂运载路径

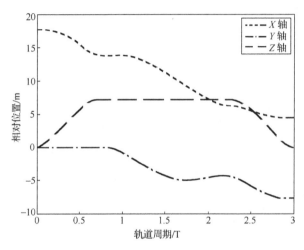

图 8.10 实验舱相对位置

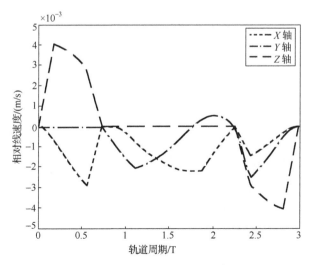

图 8.11 实验舱相对线速度

将梯度下降法与粒子群优化算法进行比较，选取相同的初始值，即设初始时刻与终端时刻其 TEA 姿态的欧拉角取值为

$$\begin{bmatrix} \varphi_0 \\ \theta_0 \\ \psi_0 \end{bmatrix} = \begin{bmatrix} 0^0 \\ 0^0 \\ 0^0 \end{bmatrix}, \quad \begin{bmatrix} \varphi_{N+1} \\ \theta_{N+1} \\ \psi_{N+1} \end{bmatrix} = \begin{bmatrix} 0^0 \\ 0^0 \\ 56^0 \end{bmatrix}$$

2. 标准 PSO 算法与梯度下降法结果分析

图 8.12、图 8.13 为利用梯度下降法得到的优化结果；图 8.14、图 8.15 为粒子群优化算法得到的结果。

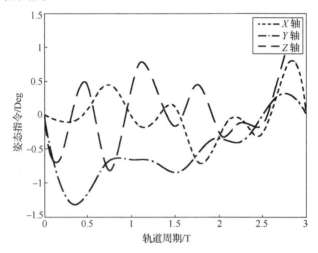

图 8.12　梯度下降法优化的姿态指令

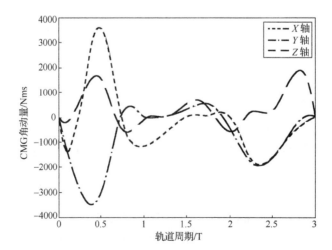

图 8.13　梯度下降法优化的 CMG 角动量

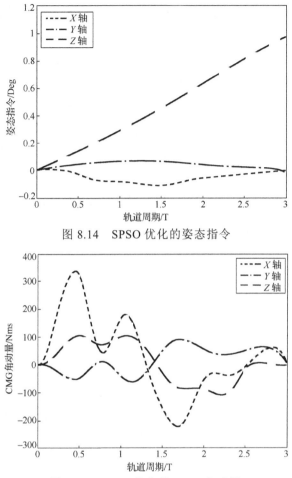

图 8.14　SPSO 优化的姿态指令

图 8.15　SPSO 优化的 CMG 角动量

观察图 8.13，可以得到梯度下降法优化得到的 CMG 角动量最大能到 10^4，其上下限大致为[–4000,4000]；而图 8.15 则表现了更小的 CMG 角动量，最大的角动量也就 400 左右，其上下限大致为[–300,400]。由此可以明显看出利用 SPSO 优化后的姿态指令得到的 CMG 的角动量相较于梯度下降法优化得到的角动量要小得多。不仅如此，观察图 8.12，由梯度下降法优化得到的姿态指令显得很不规律，从而导致较大的 CMG 角动量；而图 8.14 则表现出非常光滑的姿态指令，因此获得了较小的 CMG 角动量。

3. 标准 PSO 算法与改进 PSO 算法结果分析

利用 8.3.3 节提出的基于生物互利共生的双种群 PSO（MPSO）算法对空间站组装时的姿态指令进行优化，并且与标准 PSO（SPSO）算法的优化结果进行对比。表

8.7 给出的是分别单独运行 MPSO 和 SPSO 算法 20 次，统计得到的最小值、最大值、平均值以及方差。图 8.16~图 8.19 给出的是利用 SPSO 算法和 MPSO 算法优化得到的姿态指令以及 CMG 角动量；图 8.20 给出的是 MPSO 算法和 SPSO 算法优化得到的 CMG 角动量加权的适应度值。

表 8.7 SPSO 与 MPSO 对姿态指令优化结果

评价指标\算法	SPSO	MPSO
最小值	3.5389×10^5	$\mathbf{7.0236 \times 10^4}$
最大值	6.9868×10^6	$\mathbf{9.2704 \times 10^5}$
平均值	1.9218×10^6	$\mathbf{4.0141 \times 10^5}$
方差	2.6070×10^{12}	$\mathbf{4.4037 \times 10^{10}}$

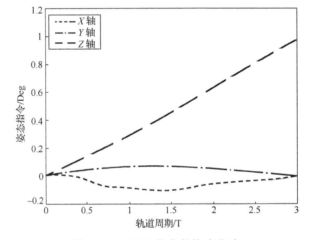

图 8.16 SPSO 优化的姿态指令

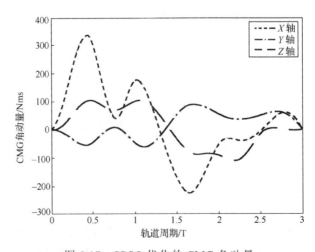

图 8.17 SPSO 优化的 CMG 角动量

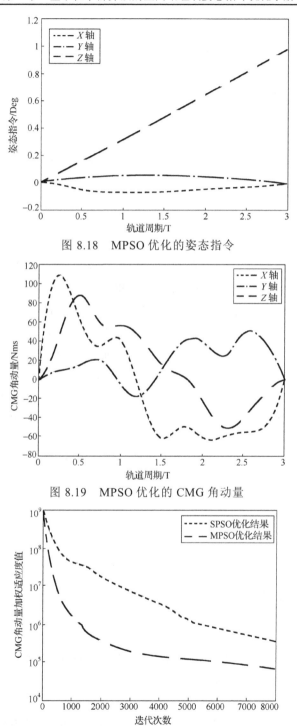

图 8.18　MPSO 优化的姿态指令

图 8.19　MPSO 优化的 CMG 角动量

图 8.20　MPSO 和 SPSO 优化的 CMG 角动量加权的适应度值变化曲线

　　观察表 8.7，MPSO 算法得到的最大值、最大值、平均值和方差都小于 SPSO 算法，很明显得到的 MPSO 算法优化结果优于 SPSO；同时观察图 8.17 和图 8.19，SPSO 算法优化得到的 CMG 角动量峰值域为[-300,400]，而 MPSO 算法优化得到的 CMG 角动量峰值域为[-80，120]，小于 SPSO 算法的优化结果，说明 MPSO 算法具有更好的优化性能；图 8.16 和图 8.18 也表现出一定的趋势，图 8.18 中的姿态指令相较于图 8.16 更加平滑，从而使得计算得到的 CMG 角动量更小；图 8.20 也展现了 MPSO 算法得到的 CMG 角动量加权的适应度值小于 SPSO，也说明 MPSO 算法性能优于 SPSO 算法。

8.6　本章小结

　　空间站在进行组装时，利用控制力矩陀螺对其进行姿态控制，由于长时间受到环境力矩作用而使控制力矩陀螺的角动量累加，进入饱和状态，从而使得 CMG 失去控制作用。基于此问题，利用传统 PSO 算法和基于互利共生的双种群 PSO 算法(MPSO)对核心舱姿态指令进行优化，解决传统方法对姿态指令优化存在模型难以求导，编程复杂问题，使得 CMG 角动量处于较小的值，从而不需要进行 CMG 角动量卸载。根据 MPSO 算法特点以及不同的拓扑机构，分别设计了 GbestMPSO 和 LbestMPSO 算法，并设计仿真实验，相比标准 PSO 算法，显著提高了算法的搜索精度以及优化性能。同时利用梯度下降法、SPSO 和 MPSO 算法对姿态指令进行优化，进行了数值仿真，结果表明 PSO 算法优于梯度下降法、MPSO 算法优于 SPSO 算法。基于 PSO 算法和 MPSO 算法对核心舱姿态指令进行优化，不仅避免控制/结构耦合问题，还在一定程度上节省了卸载所需的燃料，极大地方便了组合体的姿态控制。

参 考 文 献

[1]　Mcdonald S. Mir Mission Chronicle. NASA TP-1998-208920, 1998: 1-66.

[2]　Portree D S F. Mir Hardware Heritage. Nasa Sti/recon Technical Report, 1995, 95: 583-588.

[3]　Ticker R, Callen P. Robotics on the international space station: systems and technology for space operations, commerce and exploration. AIAA Space 2012 Comference & Exposition, 2006: 133-142.

[4]　Messerschmid E, Bertrand R. Space Stations Systems and Utilization. Aircraft Engineering & Aerospace Technology 1999, 71(5): 1-38.

[5]　Knowlesjd J D, Corne D W. Approximatingthenon dominated front using the Pareto archivedevolutionstrategy. Evolutionary Computation, 2000, 8(2): [1]149-172.

[6]　Mapar J, Hu T H. Momentum management controller design for space station during payload maneuver. Guidance, Navigation and Control Conference, 2013.

[7]　Station I S, Observation E. ISS user's guide for earth observation 1 introduction. Earth, 2001, 1: 1-13.

[8]　Treder A J. Space Station GN&C Overview for Payloads. American Institute of Physics, 1999: 49-57.

[9]　Polites M E, Bartlow B E. United States Control Module Guidance, Navigation, and Control Subsystem Design Concept. NASA TP-3677, 1997: 1-18.

[10]　Yeichner J A, Lee J F, Barrows D. Overview of space station attitude control system with Active momentum management. 11th Annual AAS Guidance and Control Conference, 1988.

[11]　Woo H H, Morgan H D. Falangas, E.T. Momentum Management and Attitude Control Design for a Space Station. Journal of Guidance, Control, and Dynamics, 2012, 11(1): 19-25.

[12]　Harduvel J T. Continuous momentum management of earth-oriented spacecraft. Journal of Guidance, Control, and Dynamics, 1992, 15(6): 1417-1426.

[13]　李广兴, 肖余之, 卜劭华, 等. 空间站组装过程姿态控制方案研究. 载人航天, 2012, 18(1): 22-29.

[14]　马艳红, 张军, 郭廷荣. 空间站组装时的姿态指令优化. 载人航天, 2010, 16(1): 17-20.

[15]　樊蓉. 空间站转位组装过程姿态控制技术研究. 上海交通大学, 2014.

[16]　Poli R, Kennedy J, Blackwell T. Particle swarm optimization. Proceedings of IEEE Swarm Intelligence Symposium, 2007: 120-127.

[17]　赵乾. 空间站零燃料大角度姿态机动方法. 国防科学技术大学, 2011.

[18]　Elgersma M, Chang D. Determination of torque equilibrium attitude for orbiting Space Station. Proceeding of Conference on Guidance, Navigation and Control, 2013.

[19]　黄厚田. 空间站姿态控制特性分析. 哈尔滨工业大学, 2012.

[20]　Angeline P J. Using selection to improve particle swarm optimization. Proceedings of the IEEE Congress on Evolutionary Computation, 2002: 84-89.

[21]　Gehlhaar D B F. Tuning evolutionary programming for conformationally flexible molecular docking. Evolutionary Programming, 1996: 419-429.

[22]　Monson C K, Seppi K D. Exposing origin-seeking bias in PSO. Conference on Genetic and Evolutionary Computation, 2005, 241-248.

[23]　Clerc M. L'optimisation par essaim particulaire. Technique et Science Informatiques, 2002: 941-946.

[24]　Clerc M. A method to improve standard PSO. Aucune, 2009.

[25]　Ahmadjian V, Paracer S. Symbiosis: an introduction to biological associations. Quarterly Review of Biology, 2000, 89(4): 461-471.

[26]　Douglas A. Symbiotic Interactions. Oxford University, 1994.

[27]　秦全德. 粒子群算法研究及应用. 华南理工大学, 2011.

[28]　Krink T, Lovbjerg M. The LifeCycle model: combining particle swarm optimisation, genetic algorithms and HillClimbers. Proceedings of International Conference on Parallel Problem Solving from Nature, 2002: 621-630.

[29]　He S, Wu Q H, Wen Y J. A particle swarm optimizer with passive congregation. BioSystems, 2004, 78(1-3): 135-147.

[30]　Niu B, Zhu Y, He X. An improved particle swarm optimization based on bacterial chemotaxis. Proceedings of the Sixth World Congress on Intelligent Control and Automation, 2006: 3193-3197.

[31]　Silva A, Neves A, Costa E. An empirical comparison of particle swarm and predator prey optimisation. Proceedings of 13th Irish Conference on Artificial Intelligence and Cognitive Science, 2002: 103-110.

[32]　秦文波, 陈萌, 张崇峰, 等. 空间站大型机构研究综述. 上海航天, 2010, 27(4): 33-42.

[33]　张凯锋, 周晖, 温庆平, 等. 空间站机械臂研究. 空间科学学报, 2010, 30(6): 612-619.

彩　　图

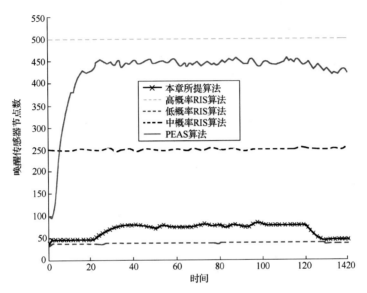

图 5.5　不同算法唤醒传感器节点数目对比图

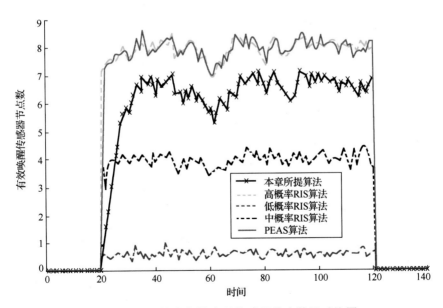

图 5.6　不同算法有效唤醒传感器节点数目对比图

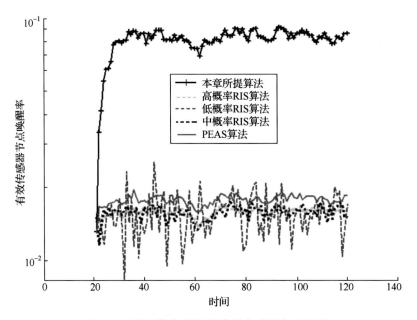

图 5.7　不同算法有效传感节点唤醒率对比图

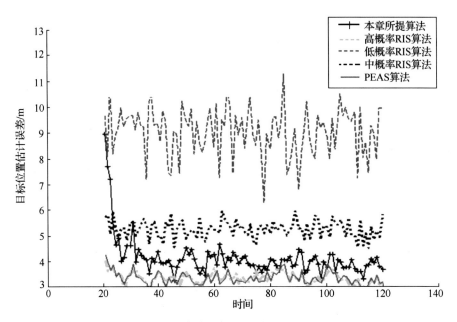

图 5.8　不同算法目标位置估计误差对比图

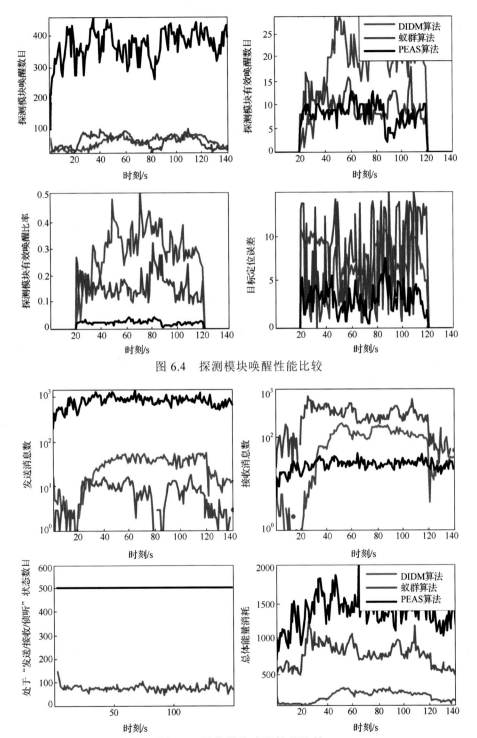

图 6.4　探测模块唤醒性能比较

图 6.5　通信模块唤醒性能比较

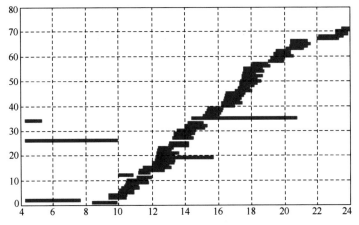

图 7.5　航班进入机场时刻数值表

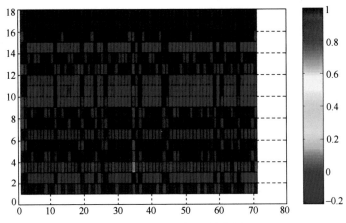

图 7.7　航班可分配机位数值图